“十四五”职业教育国家规划教材
职业教育物联网专业校企合作精品教材
1+X职业技能等级证书课程融通教材



# 智能小车C语言程序控制

主 编 秦 磊 梁 爽

電子工業出版社
Publishing House of Electronics Industry
北京 · BEIJING

## 内容简介

本书主要以智能小车循迹比赛为载体，通过基于Arduino平台的智能小车的各种功能的实现，将C语言程序设计中的各个知识点进行分解，主要讲述了智能小车的原理及结构、IDE开发环境、C语言程序结构和特点、数据及类型、C语言程序基本语句、常用的程序结构、函数类型和调用及数组的基本知识等。

本书各章节内容安排都是为了最终实现Arduino智能小车的编程、调试、运行等各项功能，每章节在学习完C程序设计等基础知识点后，均配套相对应的基于Arduino平台的实例，具有现实意义，为学生对智能小车进行安装、编程和调试打下基础。

本书采用任务驱动的形式，以项目实践教学为主、理论讲授为辅，通过5个环节逐步引导学生完成指定任务，引导学生在学习过程中掌握所需要的理论知识。

本书可作为职业院校物联网相关专业教学用书，也可作为企业技术人员自学参考用书。



**图书在版编目（CIP）数据**

智能小车C语言程序控制 / 秦磊，梁爽主编. —北京：电子工业出版社，2021.2
ISBN 978-7-121-40580-8

Ⅰ. ①智… Ⅱ. ①秦… ②梁… Ⅲ. ①智能机器人－程序设计－中等专业学校－教材 Ⅳ. ①TP242.6

中国版本图书馆CIP数据核字（2021）第029973号

责任编辑：白　楠
印　　刷：北京盛通数码印刷有限公司
装　　订：北京盛通数码印刷有限公司
出版发行：电子工业出版社
　　　　　北京市海淀区万寿路173信箱　邮编：100036
开　　本：787×1 092　1/16　印张：14.75　字数：377.6千字
版　　次：2021年2月第1版
印　　次：2024年5月第3次印刷
定　　价：38.00元

凡所购买电子工业出版社图书有缺损问题，请向购买书店调换。若书店售缺，请与本社发行部联系，联系及邮购电话：（010）88254888，88258888。

质量投诉请发邮件至zlts@phei.com.cn，盗版侵权举报请发邮件至dbqq@phei.com.cn。

本书咨询联系方式：（010）88254583，zling@phei.com.cn。

# FOREWORD 前言

物联网是继计算机、互联网之后，近几年席卷世界的第三次信息产业浪潮，也是我国重点发展的战略性新兴产业之一，发展前景广阔。面对物联网这一前沿技术方向，本书主要为初次接触物联网专业和程序设计的学生解答什么是程序设计语言、程序设计语言包含哪些基本要素、程序设计语言有什么作用、程序设计语言在物联网领域有哪些具体应用等疑问。本书的主要特点如下。

（1）采用任务式教学模式。全书自始至终贯穿一个任务，即“安装调试智能循迹小车”，通过“情境描述、信息收集、分析计划、任务实施、检验评估”5 个环节的任务分解，使学生能够快速掌握智能小车的基本原理和各项功能。

（2）本书内容贴近物联网相关专业教学实际，在完成任务的过程中介绍 C 语言程序设计中的知识点，以及传感器、执行器、控制器等物联网套件。

（3）任务难易程度符合中等职业学校学生学情。本书中的智能小车可以使用 Mixly 和 Arduino 两种编程软件实现相同的功能。教师可实施“分层次教学”，使学生在完成任务的同时轻松学习 C 语言相关知识点，提高学生学习程序设计语言的积极性。

“信息收集”环节是本书的主要部分，共分为 9 章。第 1 章为初识智能小车，主要对智能小车的基本结构、工作原理进行深入的讲解。第 2 章为集成开发环境介绍，主要介绍本书中用到的两个开发环境——Arduino IDE 和 Dev-C++，以及 C 语言开发常用的其他软件环境，如 Visual Studio 和 Turbo C。第 3 章为初识 C 语言，重点介绍 C 语言的产生、发展、特点、基本框架，以及 C 语言程序设计过程。第 4 章为点亮一个 LED，重点讲解 C 语言中的各种数据类型。第 5 章为制作模拟交通灯，主要讲解 C 语言中的各种运算符、表达式和顺序结构。第 6 章为制作小夜灯，主要讲解 C 语言中的选择语句。第 7 章为制作跑马灯，主要讲解 for 循环、while 循环、do-while 循环、循环嵌套、break 语句、continue 语句等知识点。第 8 章为智能小车综合 PWM 控制，重点讲解函数的定义和调用、库函数和自定义函数、函数的嵌套调用和递归调用，并基于函数实现智能小车前进、后退、左转、右转等 PWM 控制功能。第 9 章为数码管静态显示，重点讲解数组的基本知识，并实现数码管显示数字的功能。

本书可满足中等职业学校信息技术类、电子信息类专业程序设计课程的教学需要。本书建议安排 80 学时，其中 C 语言基础知识部分占 60 学时，基于 Arduino 平台的智能小车实验部分占 20 学时。建议 C 语言基础知识部分采用“讲练结合”的教学模式，基于 Arduino 平台的智能小车实验部分采用分组教学模式，3～4 人为一个小组，共同完成一个实验。

为了便于广大教师、学生、读者使用本书，本书还开发了相应的课程资源，包括电子课件、任务单、案例资源和配套答案等。

本书由河南省职业技术教育教学研究室组织编写，秦磊、梁爽任主编，冯皓、杨爽、刘帅卿、李雅迪参与编写。其中，李雅迪编写第 1、2、3 章及对应的任务单，刘帅卿编写第 4、5 章及对应的任务单，杨爽编写第 6 章及对应的任务单，冯皓编写第 7 章及对应的任务单，梁爽编写第 8 章及对应的任务单，秦磊编写第 9 章及对应的任务单。

由于编者水平有限，书中难免有疏漏和不恰当之处，恳请广大读者批评指正。

编　者

CONTENTS 目录

# 任务

# 安装调试智能循迹小车

# 环节一

# 情境描述

某学校准备组织一场智能小车循迹比赛，要求参赛学生在规定的时间内完成智能小车的组装并按照组委会的要求完成相应的任务，具体如下。

（1）赛事名称：××学校智能小车循迹比赛。

（2）赛事介绍：智能小车循迹比赛是××学校经常举办的学生兴趣比赛项目，其活动对象为在校学生，要求参加比赛的队伍自行组装智能小车、编制智能小车运行程序、调试智能小车按照要求完成规定动作和任务。智能小车如图 1-0-1 所示。智能小车由组委会提供或者由参赛队伍自行准备，自行准备的智能小车必须基于 Arduino 平台，同时至少具有循迹、避障等功能。在比赛前抽取比赛顺序并公布竞赛场地，按照要求进行比赛活动。该比赛的目的是检验参赛选手对智能小车进行安装、编程和调试的能力，激发学生对相关专业的学习兴趣，培养学生的动手、动脑能力。

（3）参赛队伍要求：参赛者为在校学生，每队 2～3 人，自由组队参加比赛。

（4）任务要求：参加比赛的队伍应按照图纸要求完成智能小车的组装，智能小车应能够按照指定的路径运动，并且遇到障碍物时能够躲避，如图 1-0-2 所示。

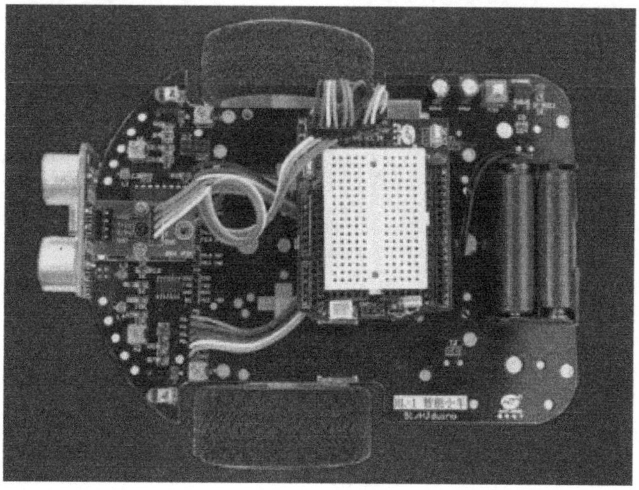

图 1-0-1　智能小车

图 1-0-2　智能小车按照指定的路径运动

# 环节二

# 信息收集

为了完成本任务，必须提前进行一系列知识的学习和技能的训练。

本任务的思维导图如图 2-0-1 所示，其作用是结构化任务所需的知识和技能，便于后续学习和复习。

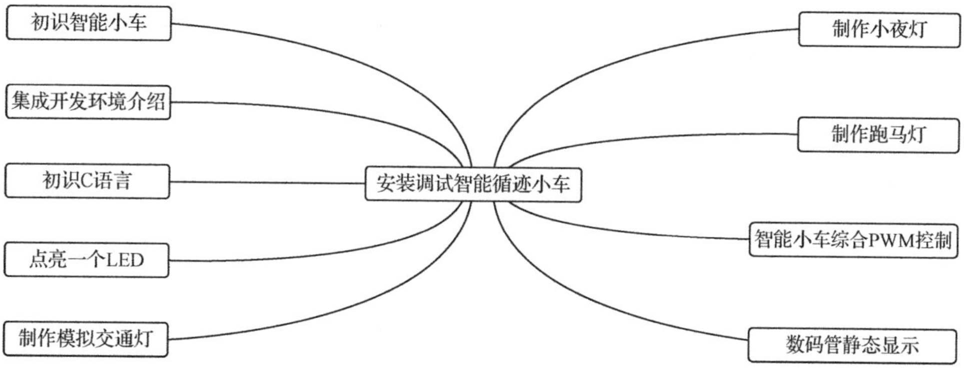


图 2-0-1　任务思维导图

# 第 1 章　初识智能小车

## 1.1　智能小车简介

随着现代科学技术的快速发展，智能机器人已被广泛应用于人类社会的各个领域，如生产制造、物流仓储、轨道交通、工程机械、医疗手术等。

智能小车，也称轮式机器人，是一种以汽车电子为基础，涵盖智能控制、模式识别、传感技术、计算机、机械等多学科知识的科技产品。它一般由信息采集、循迹识别及避障等模块组成。从生产制造业的无人搬运车，到特种行业的灾难救援、拆弹机器人，再到军事领域的防御和侦察机器人，以及航天领域的星球表面探测器，处处可见智能小车的身影。尤其是在危险和未知的环境下，智能小车的优势更为明显。如图 2-1-1 所示为基于 Arduino 平台的智能小车。

图 2-1-1　基于 Arduino 平台的智能小车

## 1.2　智能小车的基本结构

智能小车能够按照预先设定的模式自动运行，不需要人为管理，可应用于科学勘探、无人驾驶等领域。智能小车能够实时显示时间、速度、里程，具有自动循迹、寻光、避障功能，可实现控制行驶速度、准确定位停车、远程传输图像等功能。

一般来说，智能小车可以分为传感器部分、控制器部分、执行器部分和其他部分。

## 1.2.1 传感器部分

智能小车通过各种不同的传感器采集外界信息并进行判断处理，从而实现多种功能。智能小车常用的传感器有如下几种。

### 1. 金属传感器

通常选用电感式金属接近开关传感器，用于检测金属物质的存在。当靠近金属物质时，开关打开；当远离金属物质时，开关关闭。在智能小车行进的过程中，可在赛道的固定位置放置铁片，利用智能小车的金属传感器来实现对赛道特定位置的检测。图 2-1-2 为金属传感器实物图。

### 2. 霍尔传感器

霍尔传感器是一种磁敏传感器，利用霍尔效应来检测磁感应信号并转换成数字量，然后传输给控制器，从而实现对智能小车行驶速度的监测。具体操作方法是在智能小车电机的旋转部位安装一个导磁性能好的磁钢，电机每旋转一圈，磁钢便接触一次霍尔传感器，即发送一个磁感应信号，霍尔传感器电路以此进行计数操作，通过一定的数据转换后得到小车的行驶速度或行驶里程。图 2-1-3 为霍尔传感器实物图。

图 2-1-2　金属传感器实物图

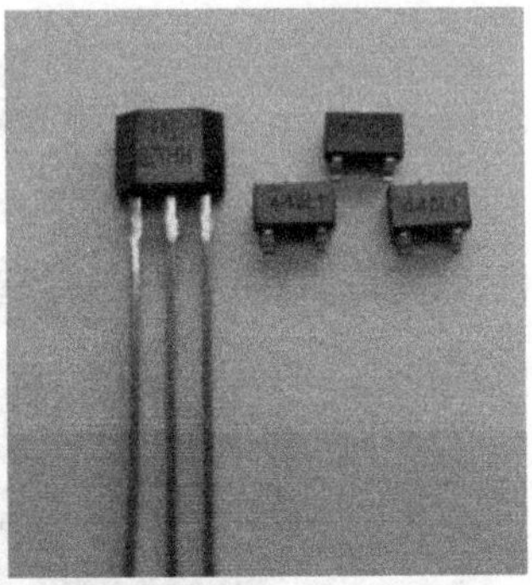

图 2-1-3　霍尔传感器实物图

### 3. 红外传感器

红外传感器是红外发射和红外接收一体式传感器，根据不同颜色对红外线反射程度不同（黑色反射红外线较少，白色反射红外线较多），传输不同的信号给控制器，从而控制智能小车电机的旋转方向，实现循迹功能。具体操作方法是将两个红外传感器安装在贴近地面的智能小车底盘前侧，若赛道铺设的是白底黑线，则正常行驶时，发射管发射的红外线被黑线吸收，导致接收管无法接收到红外线，传感器传输低电平给控制器；偏离轨道时，发射管发射的红外线被白色地面反射，接收管正常接收红外线，传感器传输高电平给控制器，以此来控制智能小车正常循迹行驶。图 2-1-4 为红外传感器实物图。

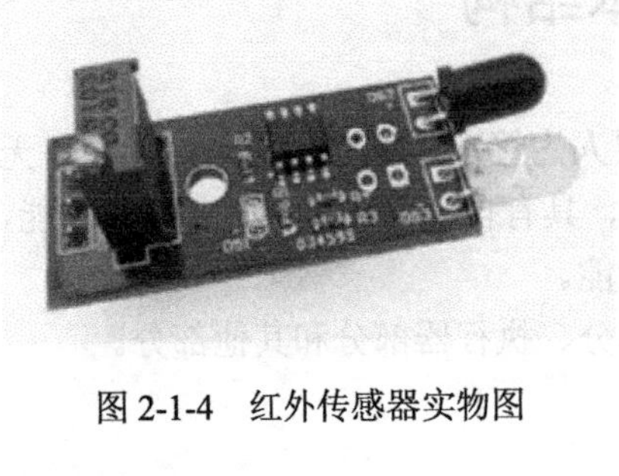

图 2-1-4　红外传感器实物图

### 4. 超声波避障传感器

这种传感器利用超声波测距的非接触式测量方法，根据超声波在物体表面会显著反射成回波的特性，来测量智能小车与障碍物之间的距离，从而实现智能小车的避障功能。图 2-1-5 为超声波避障传感器实物图。

图 2-1-5 超声波避障传感器实物图

### 5. 火焰传感器

根据红外线对火焰的敏感性，利用特殊手段制成的红外线接收管可作为智能小车的火焰传感器。火焰传感器基于不同的火焰亮度向控制器传输高/低电平信号，控制器据此判断是否发现火源，再根据具体情况进行灭火操作。火焰传感器相当于智能小车的眼睛，可发现危险情况并进行处理。图 2-1-6 为火焰传感器实物图。

图 2-1-6 火焰传感器实物图

## 1.2.2 控制器部分

智能小车的控制器部分接收各种传感器采集的信息，并根据预存的软件程序，对智能小车的硬件发出控制指令，指挥执行器部分进行相应的操作。

本任务中控制器选用 Arduino 开发板，其具有开发简单、操作简便、能跨平台使用、软硬件开源可扩展等优点，非常适合初学者和业余爱好者使用。

Arduino 是一种便捷灵活、易于上手的开源电子平台，最初是为一些非电子工程专业的学生设计的，设计者的初衷是开发一款廉价好用的微控制器开发板。Arduino 一经推出，便凭借开源、廉价、简单实用的特性迅速受到广大用户的喜爱和推崇。随着科技的不断发展，其硬件开发平台与软件开发环境一直在不停地更新换代，目前市场上的 Arduino 硬件资源多种多样，其中由 Arduino 官方团队发布的是 Arduino UNO。本书中的案例均使用这款开发板。

Arduino 的硬件开发板与软件资源可以从官方网站购买或下载得到，网址为 www.smartprj.com。随着 Arduino 的广泛应用，世界上的各大生产商也在生产和销售与 Arduino 兼容的电路板和扩展板。所以，Arduino 是一个完全开源的包含软件和硬件的电子开发平台。

Arduino 开发板基于微控制器，通过与计算机相连来实现各种功能。其开发过程如下：

- 根据功能设置设计电路并进行连接；
- 根据用户需求完成程序设计；
- 将编译好的程序下载到硬件开发板上进行功能验证；
- 不断调试以达到预期效果。

Arduino 开发板由一个 AVR 单片机、一个振荡器和一个 5V 电源组成，并通过 USB 接口连接计算机。Arduino 开发板种类繁多，最为常用的就是 Arduino UNO。Arduino UNO 的处理器是 ATmega 328，同时具有 14 路数字输入/输出接口（其中 6 路可作为脉冲宽度调制输出）、6 路模拟输入接口、一个 16MHz 晶体振荡器、一个 USB 接口、一个电源接口、一个 ISP 下载接口和一个复位键等。Arduino UNO 开发板如图 2-1-7 所示。

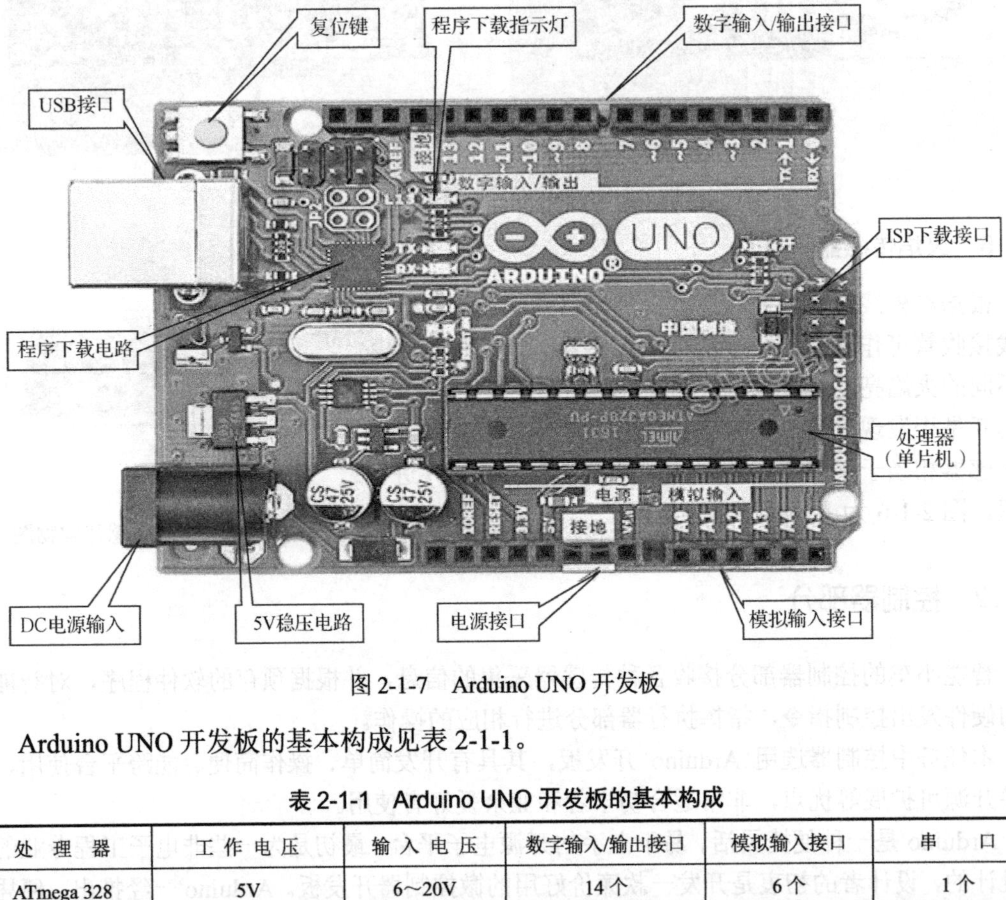


图 2-1-7 Arduino UNO 开发板

Arduino UNO 开发板的基本构成见表 2-1-1。

表 2-1-1 Arduino UNO 开发板的基本构成

| 处 理 器 | 工 作 电 压 | 输 入 电 压 | 数字输入/输出接口 | 模拟输入接口 | 串 口 |
|---|---|---|---|---|---|
| ATmega 328 | 5V | 6～20V | 14 个 | 6 个 | 1 个 |
| I/O 引脚直流电流 | 3.3V 引脚直流电流 | 程序存储器 | SRAM | EEPROM | 工作时钟 |
| 40mA | 50mA | 32KB | 2KB | 1KB | 16MHz |

## 1.2.3 执行器部分

智能小车的执行器部分用来执行控制器发出的具体指令，并完成各项动作，相当于人类的四肢。智能小车的执行器部分主要包括以下两个模块。

### 1．驱动模块

采用 H 桥电路驱动两个直流电机，作为智能小车的动力源，通过控制器发出的控制指令来指挥电机正常运转。图 2-1-8 为直流电机实物图。

### 2．舵机转向模块

通过设置一定占空比的方波来控制舵机转过的角度，舵机具有力矩大、响应速度快等优点，经常被用在智能小车转向装置中。图 2-1-9 是舵机转向模块实物图。

图 2-1-8　直流电机实物图

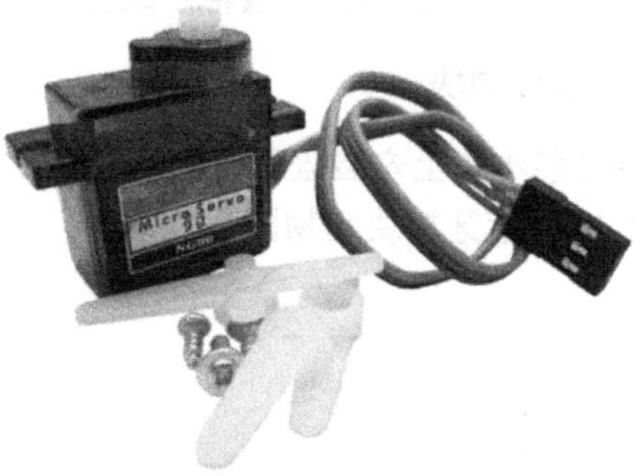


图 2-1-9　舵机转向模块实物图

## 1.2.4　其他部分

除以上所述智能小车的三个基本组成部分之外，还需要其他的器件来实现智能小车在自动行驶过程中的各种辅助功能。

### 1．三轮运动模块

该模块由两个橡胶轮胎和一个万向轮组成。三轮运动模块如图 2-1-10 所示，橡胶轮胎实物图如图 2-1-11 所示，万向轮实物图如图 2-1-12 所示。

图 2-1-10　三轮运动模块

图 2-1-11　橡胶轮胎实物图

图 2-1-12　万向轮实物图

### 2．蓝牙模块

在智能小车上安装蓝牙模块，通过蓝牙模块与智能手机相连，进行信息传输与处理控制。图 2-1-13 为蓝牙模块实物图。

图 2-1-13　蓝牙模块实物图

### 3．电源模块

设置独立的电源模块为智能小车供电。

### 4．小车底盘

在小车底盘上为上述硬件预留合适的安装位置，将以上硬件有序地安装在小车底盘上。小车底盘实物图如图 2-1-14 所示。

图 2-1-14　小车底盘实物图

综上所述，智能小车通过传感器收集各种各样的物理信息，然后将信息传输到控制器，最后由控制器处理信息并控制执行器完成相应动作。

**练一练**

智能小车的基本组成部分有几个？分别实现什么功能？

## 1.3　智能小车的工作原理

### 1.3.1　电机驱动与调速原理

本任务采用双直流电机来驱动智能小车行进，双直流电机选用 L298N 驱动芯片。该芯片包含两个 H 桥电路，H 桥电路通过调整信号占空比来调节电机转速，其调速效率高，转向操作简单，稳定性好，驱动能力强。该芯片采用脉冲宽度调制（Pulse Width Modulation，PWM）方法来进行调速，该方法具有精度高、调速范围广的特点。

**1．电机**

电机是将电能转换成机械能的一种设备，主要用作机械设备的动力源，在电路中用“M”来表示。图 2-1-15 为电机实物图。

**2．H 桥电路**

图 2-1-16 所示为一个典型的 H 桥电路，该电路被称为“H 桥电路”是因为其结构类似字母“H”。如图 2-1-16 所示，该电路由四个三极管和一个电机组成。要实现电机转动，需要使电路中对角线上的两个三极管导通，根据不同三极管对的导通情况，电流可以从左至右或者从右至左流过电机，从而控制电机的旋转方向。当 $Q_2$ 和 $Q_3$ 导通时，电流就从电源正极经 $Q_3$ 从右至左流过电机，再经 $Q_2$ 到达电源负极，该流向的电流将驱动电机逆时针转动。

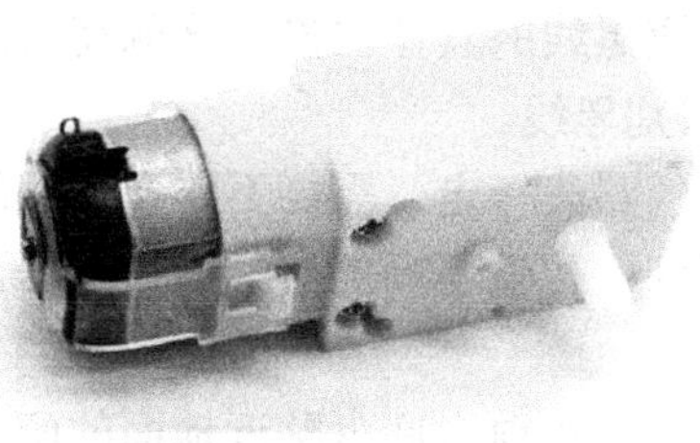

图 2-1-15　电机实物图

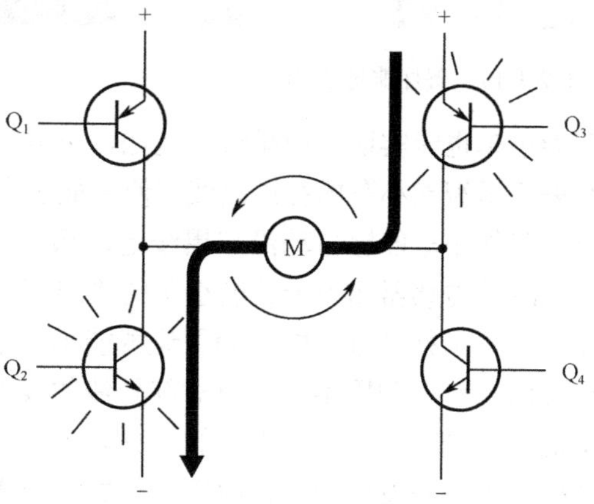


图 2-1-16　H 桥电路

**3．PWM 调速原理**

脉冲宽度调制，简称脉宽调制，是指通过控制输出的脉冲宽度来对模拟电路进行控制。

PWM 有频率、占空比、周期三个参数。

（1）频率是指每秒钟信号在高、低电平之间切换的次数。

（2）周期是指一个完整的 PWM 信号持续的时间。

（3）占空比是指在 PWM 的输出信号中，高电平所占有的时间与该信号周期的比值。

在 PWM 方法中，电源以一定频率的方波脉冲向电机提供电能，通过给方波脉冲设置不同的占空比来改变电机两端的电压大小，进而改变电机的转速。因此，直流电机正转、反转、加速、减速的智能控制，由 PWM 控制系统来实现。

## 1.3.2 循迹原理

餐厅服务机器人、仓库搬运机器人等是沿着预设的线路行进的，即能够实现自动循迹。餐厅服务机器人如图 2-1-17 所示，仓库搬运机器人如图 2-1-18 所示。

图 2-1-17 餐厅服务机器人

图 2-1-18 仓库搬运机器人

智能小车也能实现自动循迹。例如，可以利用白色 KT 板作为底板铺设赛道，在板上贴上黑线来标示智能小车的行进路线，使智能小车沿着黑线完成直行、转弯、交叉行进等动作。

要使智能小车能够自动沿着黑线走，那么首先要知道黑线的具体位置，这就需要用到传感器，此时的传感器相当于智能小车的“眼睛”，用来识别黑线。

在智能小车行驶过程中，为了让智能小车沿着预设的路线行走，需要不断调整智能小车的行进方向。可以利用不同颜色对红外线的反射能力不同，传输不同的信号给控制器，从而控制电机的旋转方向，改变小车的行进方向。

红外传感器是发射管与接收管一体式传感器。在智能小车前方底盘贴近地面的两侧安装两个红外传感器。智能小车沿着黑线正常行驶时，两个红外传感器检测到白色地面，发射管发出的红外线经白色地面反射后被接收管接收，传感器电路产生高电平传输给控制器；当智能小车偏离轨道时，红外线被黑线吸收，接收管接收不到红外线，传感器电路产生低电平并反馈给控制器。这样，控制器就能根据收到的信号，控制智能小车沿着正确的路线行驶。图 2-1-19 为红外传感器模块实物图。

图 2-1-19　红外传感器模块实物图

在现实生活中，实现车辆循迹功能在交通监管、森林防火、运钞车监护、犯罪嫌疑车辆监控等方面是非常必要和迫切的，通过及时获取车辆的行车信息、行车轨迹，可以达到交通监管、森林防护及实时监控等方面的目的。

### 1.3.3　避障原理

智能小车怎样才能成功躲避障碍物呢？避障原理与智能小车的循迹原理类似，首先需要利用传感器探测周围的环境，在检测到周围存在障碍物后，控制智能小车做出躲避动作，避开障碍物。智能小车可采用超声避障和红外避障，下面对它们的实现过程进行详细介绍。

#### 1. 超声避障

超声波是一种振动频率高于 20000Hz 的声波，其方向性好、穿透能力强，且频率高、波长短，能够定向传播，在介质中传播的距离较远，因而经常被用于测量距离。基于超声波特性研制的传感器称为超声波传感器，它在工业、国防、生物医学等方面得到了广泛应用，实物图如图 2-1-20 所示。

图 2-1-20　超声波传感器实物图

在智能小车行驶过程中，可以通过超声波传感器来检测智能小车前方是否有障碍物，以及智能小车与障碍物之间的距离，根据检测情况向控制器发送相应的电信号，从而达到控制智能小车避障的目的。

#### 2. 红外避障

红外避障也采用红外传感器，它由一个发射管（白色）和一个接收管（黑色）组成，其工作过程是发射管发射红外线，根据接收管接收红外线的情况（接收到红外线时输出高电平，未接收到红外线时输出低电平)，判断障碍物的情况。

本任务中，在小车前侧两端各配备一个红外传感器，当左侧的红外传感器检测到障碍物时，指示灯亮，小车向右转；同理，右侧有障碍物时，小车向左转。该传感器的探测距离可以通过电位器调节，具有干扰小、便于装配、使用方便等特点。

综上所述，智能小车的基本硬件结构如图 2-1-21 所示。

（1）驱动模块：采用 H 桥电路、PWM 方法驱动双直流电机正常运转、变速等。

（2）循迹模块：通过红外传感器实现智能小车自动循迹行驶。

（3）避障模块：利用超声波传感器或红外传感器测量智能小车与障碍物之间的距离，据此调节智能小车的状态，实现智能小车成功避障。

（4）舵机模块：通过调节方波脉冲的占空比来控制舵机转动的角度，从而控制智能小车的转向。

（5）蓝牙模块：通过蓝牙模块将智能小车与手机进行连接，再与控制器相连，实现信息的实时传输、处理、存储等。

（6）电源模块：设置独立的电源模块为智能小车供电。

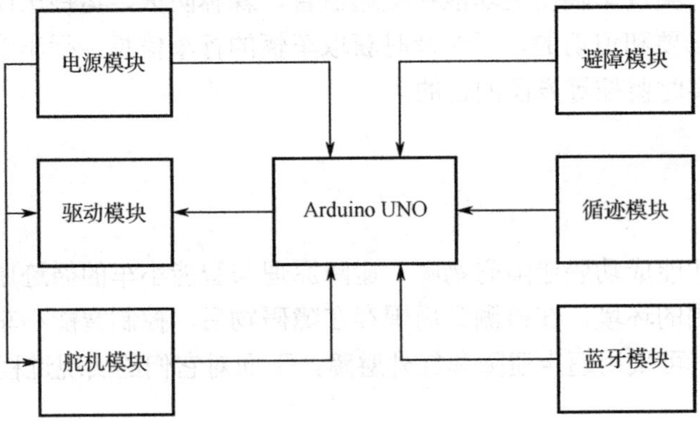


图 2-1-21　智能小车的基本硬件结构

**小贴士**

Arduino UNO 能够用以下三种方式供电。

（1）用直流电源直接供电。

（2）通过电源连接器的 GND 和 VIN 引脚连接电池供电。

（3）通过 USB 接口直接供电。

**练一练**

简述智能小车的循迹原理与避障原理。

# 第 2 章　集成开发环境介绍

## 2.1　Arduino IDE

### 2.1.1　安装 Arduino IDE

在介绍集成开发环境（Integrated Development Environment，IDE）之前，先介绍嵌入式技术的相关知识。开发人员在计算机中将程序编写好，然后编译生成单片机要执行的程序，这个过程叫作交叉编译。这个过程需要单片机（称为目标单片机）和计算机（称为宿主计算机）共同参与。本任务中使用的是 Arduino 开发板，程序开发环境是 Arduino IDE，它能够在主流操作系统上运行，包括 Windows、Linux 和 Mac OS。

#### 1．在 Windows 上安装 Arduino IDE

Arduino 软件编程是在 Arduino IDE 中进行的，编程所用的语言是一种解释型语言，基于这种语言编写的程序叫作 sketch，程序编译完成后便可下载到硬件开发板中。在 Arduino 的官方网站上可以下载相关软件、源代码、教程及文档。Arduino IDE 的官方下载地址为 http://arduino.cc/en/main/software。

进入官方网站后，根据计算机操作系统选择相应的 Arduino IDE 下载选项，并完成下载和安装过程，Arduino IDE 下载界面如图 2-2-1 所示。

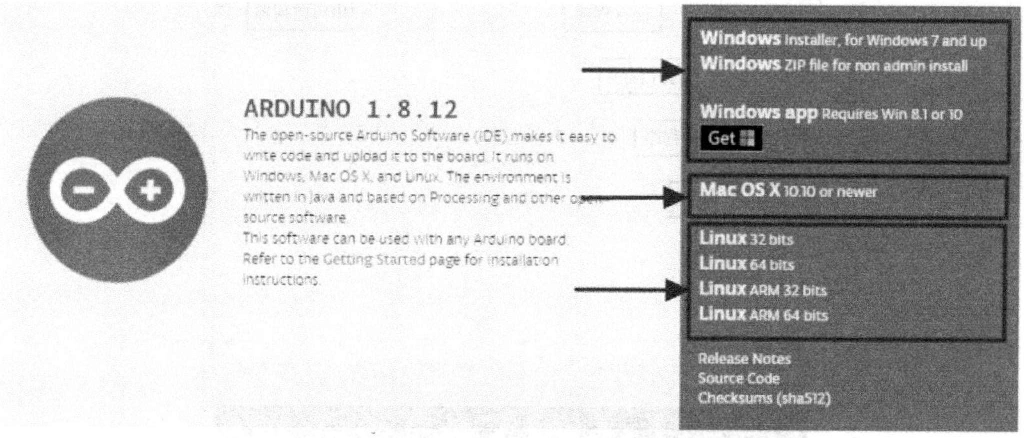


图 2-2-1　Arduino IDE 下载界面

#### 2．Arduino IDE 介绍

打开 Arduino IDE，可以看到一个文本编辑器，它用来进行程序的编写与修改。工作界面如图 2-2-2 所示，从上到下依次为菜单栏、工具栏、编辑区和状态区。

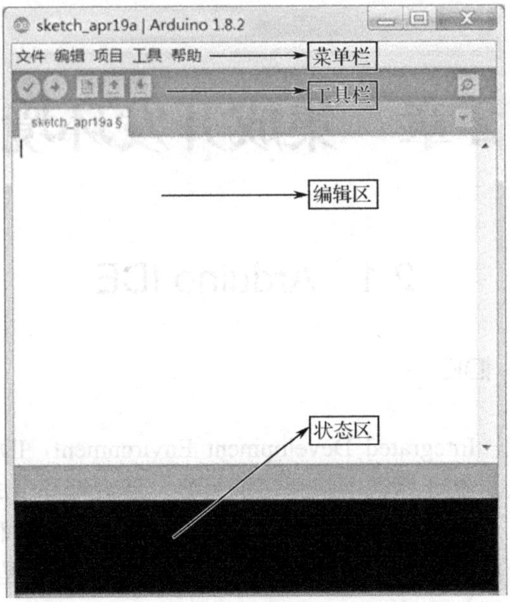


图 2-2-2　工作界面

工具栏中的按钮如图 2-2-3 所示，按钮功能从左至右依次为程序编译、上传/下载、新建程序、打开程序、保存程序和串口监视器。

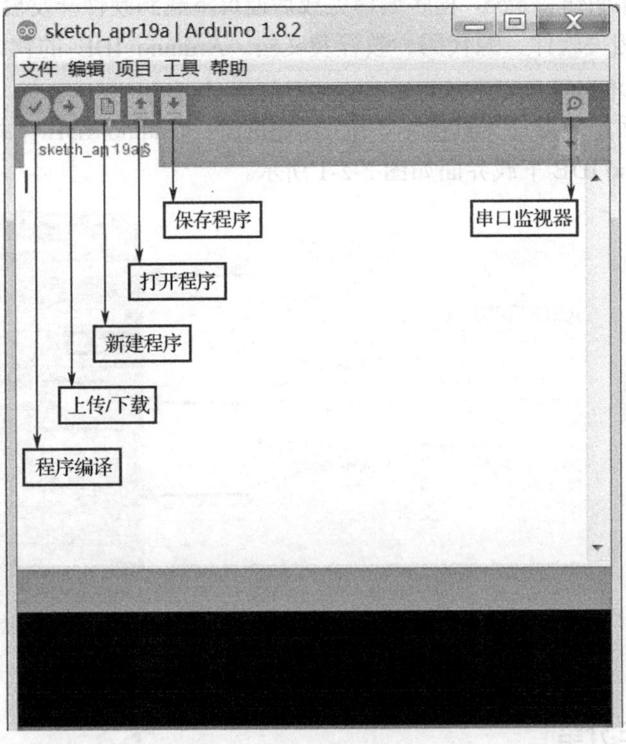


图 2-2-3　工具栏中的按钮

下面对菜单栏进行说明。

1）“文件”菜单

“文件”菜单如图 2-2-4 所示，其中主要包括“新建”“打开”“保存”“另存为”“关闭”“示例”“打印”等菜单命令。

2）“编辑”菜单

“编辑”菜单如图 2-2-5 所示，其中主要有以下几个菜单命令：“复原”“重做”“剪切”“复制”“粘贴”“全选”“查找”。这些菜单命令的快捷键设置如下：“复原”为 Ctrl+Z，“剪切”为 Ctrl+X，“重做”为 Ctrl+Y，“复制”为 Ctrl+C，“粘贴”为 Ctrl+V，“全选”为 Ctrl+A，“查找”为 Ctrl+F。

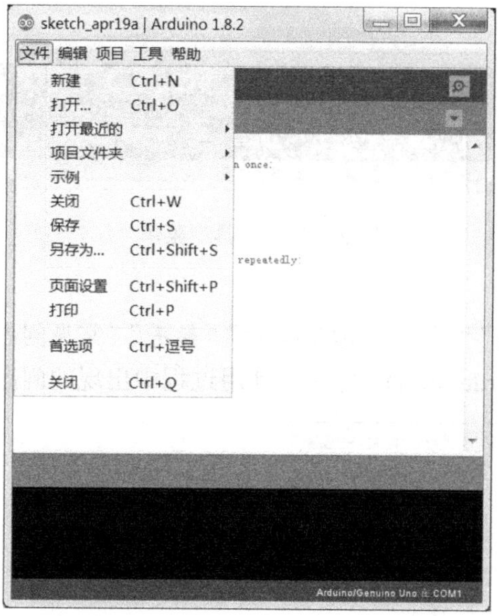


图 2-2-4 “文件”菜单

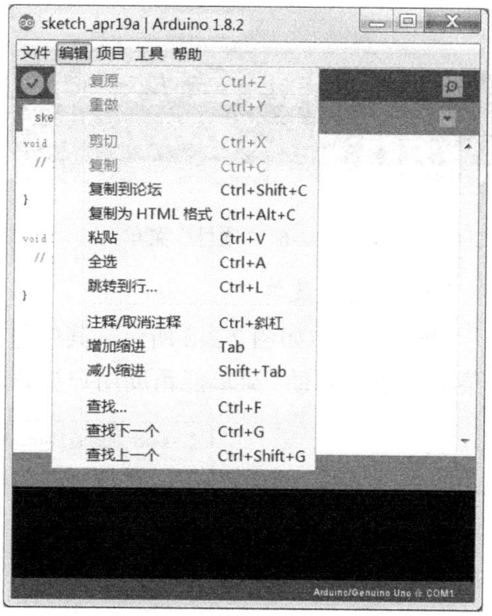


图 2-2-5 “编辑”菜单

3）“项目”菜单

“项目”菜单如图 2-2-6 所示，其中主要有以下几个菜单命令：“验证/编译”；“显示项目文件夹”，用于打开当前程序所在的文件夹；“添加文件”，用于将其他程序复制到当前程序中。

4）“工具”菜单

“工具”菜单如图 2-2-7 所示。其中主要包括以下几个菜单命令：“自动格式化”，用来整理代码格式，使程序显示更规范合理；“项目存档”，用于将同属一个项目的文件整合到一个文件夹中，以便进行存档或共享；“修正编码并重新加载”，当程序中的非英文字符由于编码问题出现乱码或无法显示时，使用另外的编码方式重新打开程序；“串口监视器”，用于在 Arduino 开发板与计算机进行连接时显示串口消息的内容；“端口”，需要手动选择操作系统中可用的串口，在连接 Arduino 开发板时，串口号会进行更新，需要重新选择相连的串口号；“开发板”，用于选择与计算机连接的开发板的型号；“烧录引导程序”，用于将编写好的程序烧录到 Arduino 开发板中。

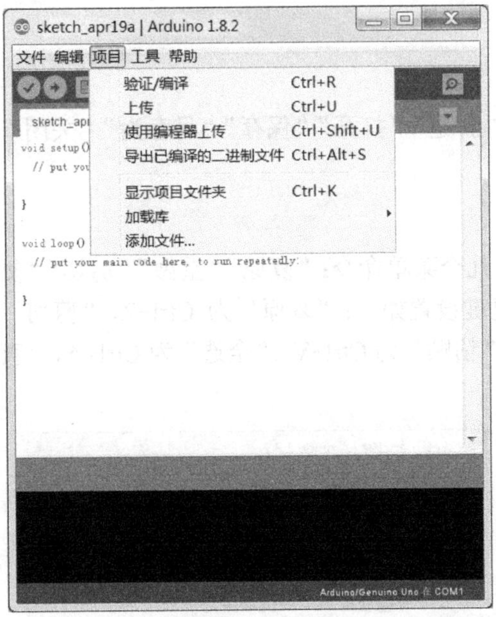


图 2-2-6 “项目”菜单

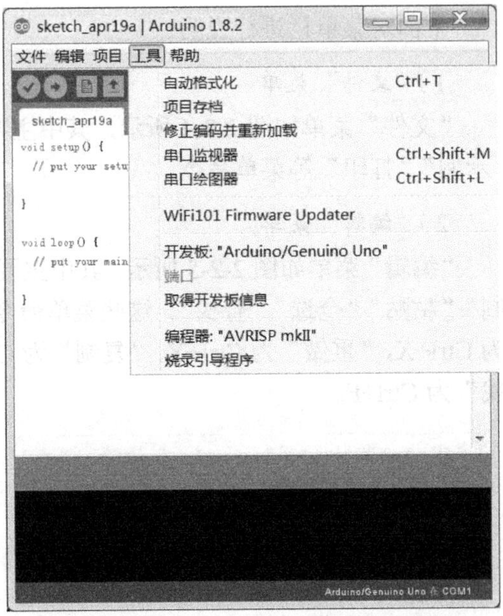


图 2-2-7 “工具”菜单

5)“帮助”菜单

“帮助”菜单如图 2-2-8 所示，其中包括“入门”“环境”“故障排除”“参考”“常见问题”等菜单命令。“帮助”菜单能帮助用户更好地了解 Arduino IDE 并解决使用过程中出现的问题。

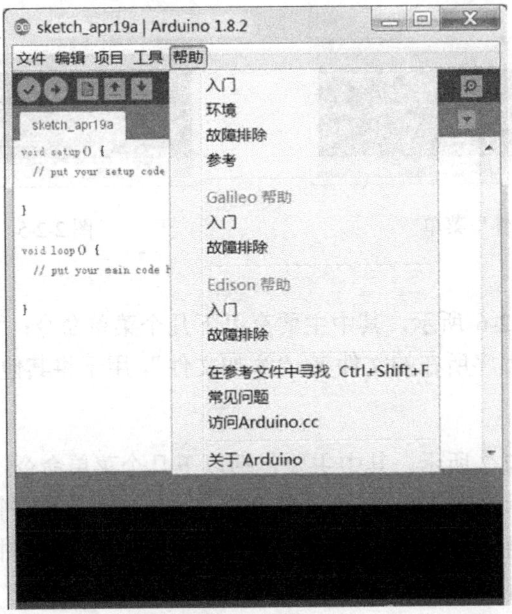


图 2-2-8 “帮助”菜单

## 2.1.2 用 Arduino IDE 完成一个小程序

完成 Arduino IDE 的安装后，下面我们通过一个小程序控制开发板上的 LED 闪烁。

打开 Arduino IDE，选择“文件”→“示例”→“01. Basics”→“Blink”菜单命令，打开 Blink 程序，如图 2-2-9 所示。Blink 程序如图 2-2-10 所示。

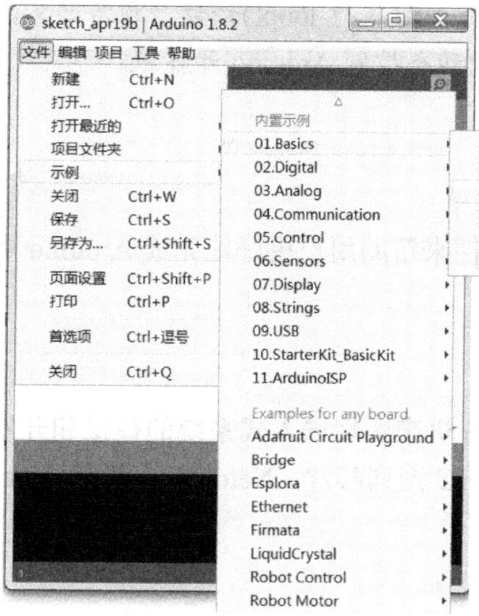


图 2-2-9 打开 Blink 程序

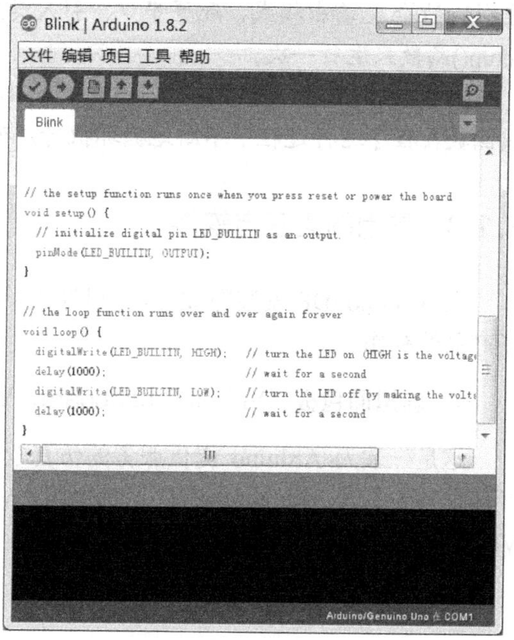


图 2-2-10 Blink 程序

程序代码如下：

```
int LED_BUILTIN=13;                /*声明变量*/
void setup()                       /*该函数在按下开发板上的复位键或者电源键时发挥功能*/
{
pinMode(13, OUTPUT);
}
/*设置 13 号引脚为输出，INPUT 和 OUTPUT 是 Arduino IDE 预先定义好的变量*/
/*loop()函数会一遍又一遍地循环执行下去*/
void loop()
{
digitalWrite(13, HIGH);            /*13 号引脚输出高电平，打开 LED*/
delay(1000 )                       /*延时 1 秒*/
digitalWrite(13, LOW);             /*13 号引脚输出低电平，关闭 LED*/
delay(1000);                       /*延时 1 秒*/
}
/* digitalWrite()是内建函数，用于改变引脚输出状态，它需要两个参数。delay()是内建的延时函数*/
```

这是一个简单的实现 LED 闪烁的程序，在该程序中 int LED_BUILTIN=13 用来声明变量和接口，setup()函数用于将 LED_BUILTIN 引脚设为输出模式，loop()函数用于循环点亮和熄灭 LED。

**小贴士**

上述程序大体可分为以下 3 个部分。

（1）声明变量及接口。

（2）setup()函数。在 Arduino 程序运行时首先要调用 setup()函数，用于初始化变量、设置引脚的输入/输出模式、配置串口、引入类库文件等。每次 Arduino 开发板通电或重启后，setup()函数只运行一次。

（3）loop()函数。在 setup()函数中初始化和定义变量，然后执行 loop()函数。顾名思义，该函数在程序运行过程中不断地循环执行。可通过该函数动态控制 Arduino 开发板。

### 2.1.3 常用的第三方软件

在 Arduino IDE 安装完成后，可以通过一些第三方软件来帮助用户更好地完成 Arduino 电子产品的制作。

**1. 虚拟面包板（Virtual Breadboard，VBB）**

这是一款为 Arduino 提供服务的仿真软件，通过单片机来实现嵌入式系统的模拟和开发环境，其中包含 Arduino 所有的示例电路。VBB 还支持 PIC 系列芯片、Netduino，以及 Java、VB、C++等主流编程环境。

VBB 软件如图 2-2-11 所示。

图 2-2-11　VBB 软件

打开 VBB 软件后，可以根据实际项目需求，自行添加各种零部件。上节提到的 Blink 程序可在 VBB 软件中进行仿真运行。Blink 程序电路仿真图如图 2-2-12 所示。

**2. 图形化编程软件 Mixly**

Mixly 是由北京师范大学创客教育实验室团队开发的图形化编程软件，它能够简化 Arduino IDE 和 Ardublock 可视化编程插件的双窗口界面，可在 Windows 7 和 Windows XP 操作系统上运行。该软件易于操作，功能丰富。

Mixly 软件界面如图 2-2-13 所示。

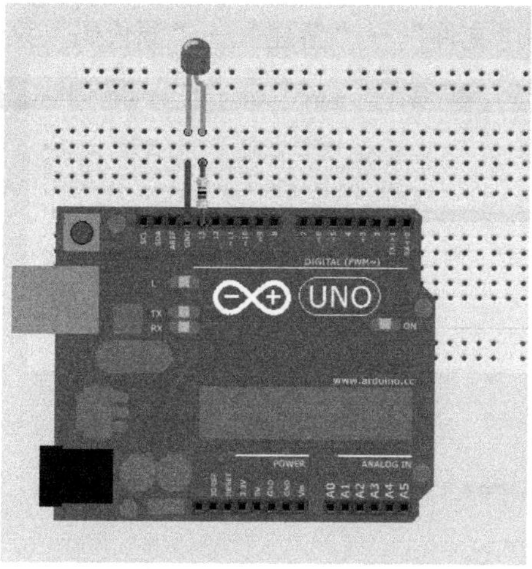


图 2-2-12 Blink 程序电路仿真图

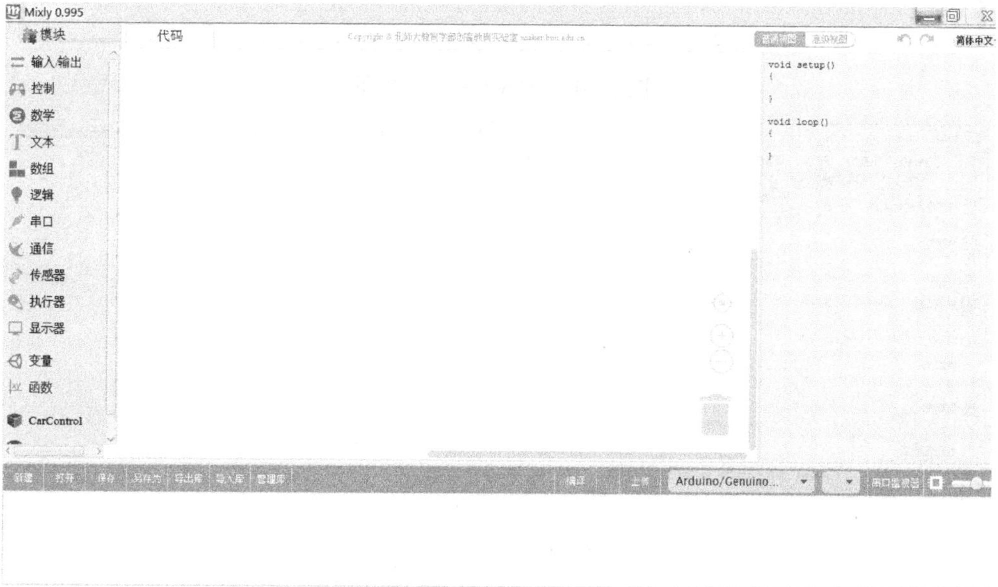


图 2-2-13 Mixly 软件界面

## 2.2 Dev-C++

Dev-C++是 Windows 操作系统下的 C/C++程序的集成开发环境，它使用 MinGW32/GCC 编译器，遵循 C/C++标准。该开发环境中包含多页面窗口、工程编辑器及调试器等，能实现程序的完整调试过程。该软件完全免费，易于上手，是 Visual Studio 的简易版本。

Dev-C++工作界面如图 2-2-14 所示。

下面介绍 Dev-C++的使用。

第一步：启动 Dev-C++。

第二步：在 Dev-C++中新建源代码并保存。

如图 2-2-15 所示，选择“文件”→“新建”→“源代码”菜单命令，新建源代码。

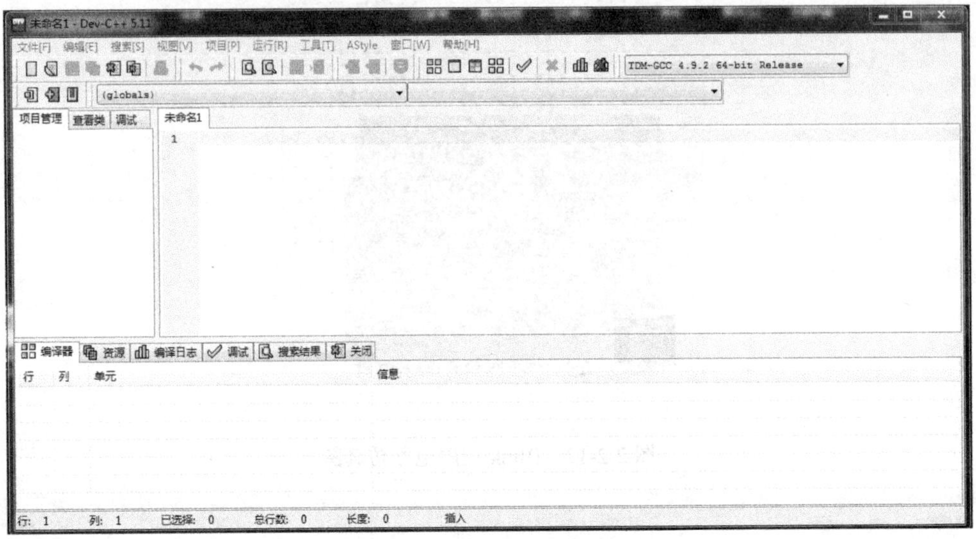


图 2-2-14　Dev-C++工作界面

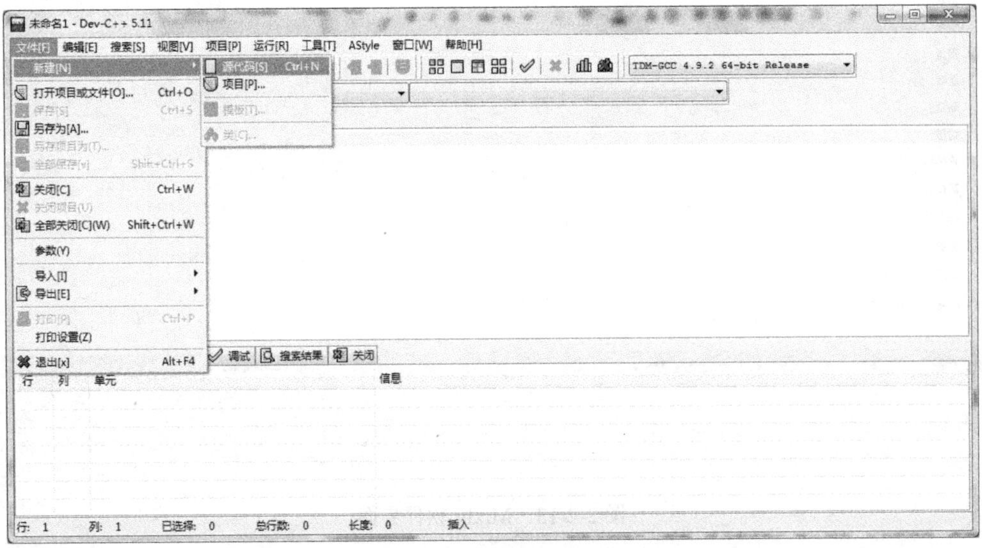


图 2-2-15　新建源代码

代码编辑完成后，选择“文件”→“保存”菜单命令，保存源代码，如图 2-2-16 所示。

**小贴士**

在编辑代码的过程中，需要注意以下 3 个方面。

（1）编辑代码时要及时保存，以防断电丢失代码。

（2）要在英文输入状态下输入代码，以防后续阶段出现问题。

（3）可在 main()函数中的 return 语句前加入 system("pause")语句，以便在程序运行到该位置时，将程序运行结果的显示延迟一段时间。

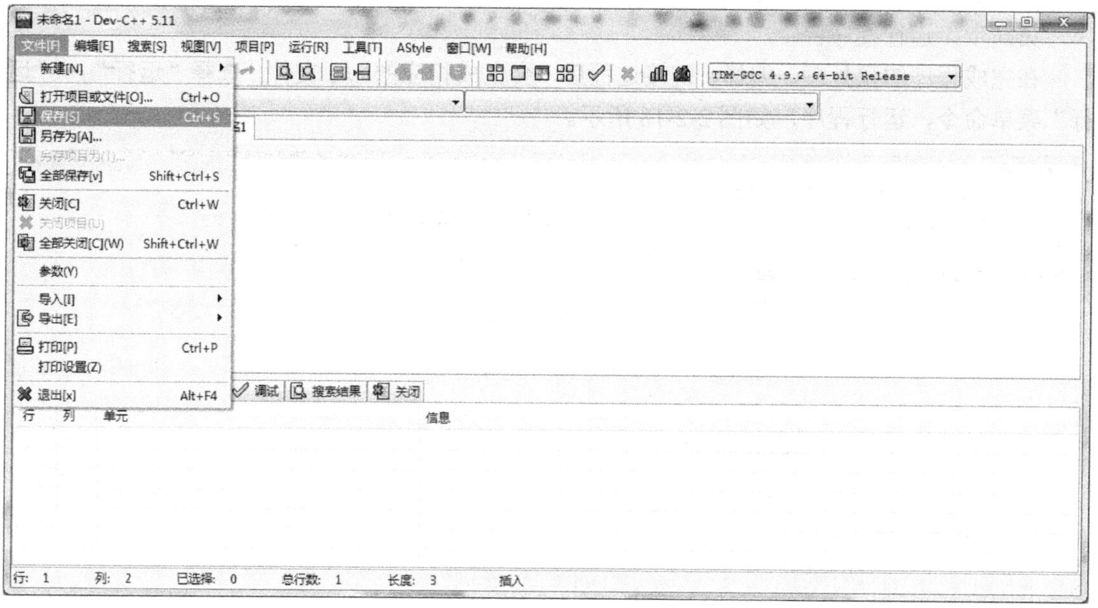


图 2-2-16　保存源代码

第三步：预处理、编译、链接程序。

在完成代码的编辑和保存工作后，需要对程序进行预处理、编译和链接。

选择“运行”→“编译”菜单命令，就可以完成对程序的预处理、编译及链接过程，如图 2-2-17 所示。通过预处理、编译、链接过程能够快速找到程序中的语法错误，提高程序调试效率。

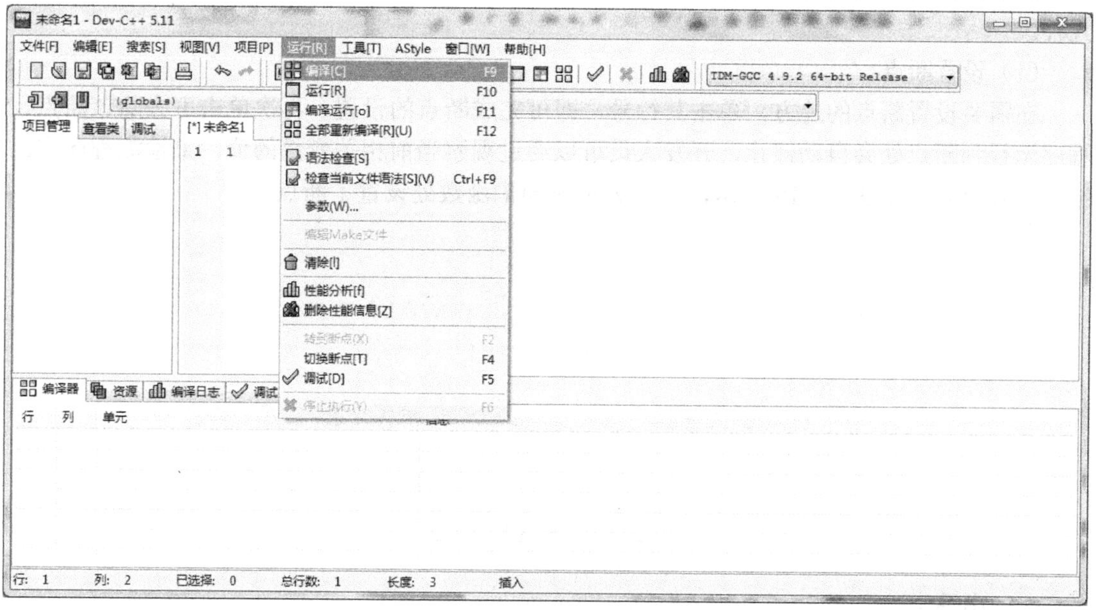


图 2-2-17　预处理、编译、链接程序

第四步：运行程序。

在完成程序的预处理、编译、链接过程后，会生成相应的.exe 文件，选择“运行”→“运行”菜单命令，运行程序，如图 2-2-18 所示。

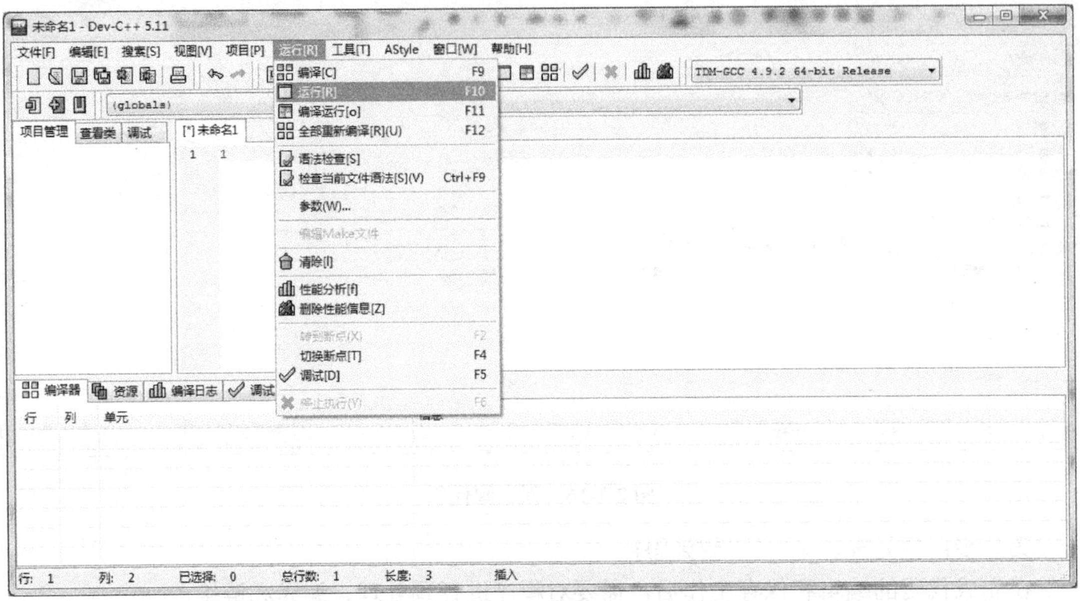


图 2-2-18　运行程序

第五步：调试程序。

为了验证程序是否能够实现预期的效果，需要对程序进行调试。常用的调试方法有以下几种。

（1）设置断点。

在需要设置断点的地方，单击其行号，即可完成断点的设置，再次单击可去除该断点。程序运行到断点处会自动停止，开发人员可以通过观察当前相关变量的值，来检测程序中的错误及其原因。如图 2-2-19 所示，该示例在 printf()函数处设置了断点。

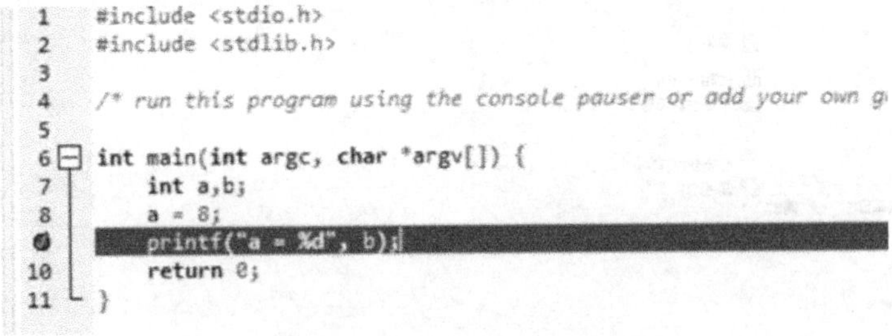


图 2-2-19　设置断点示例

**小贴士**

需要注意的是，在对程序进行调试时，不能直接运行程序，而应选择“运行”→“调试”菜单命令，这样程序才会停在预设的断点处，否则程序会完整运行，如图 2-2-20 所示。

图 2-2-20 设置断点调试程序

（2）单步执行程序。

在程序调试过程中，程序会停在设置好的断点处，后面语句的执行过程可在输出栏的调试窗口中进行。在调试窗口中，可单步执行程序，通过对单条语句的分析来检测程序中的错误，如图 2-2-21 所示。

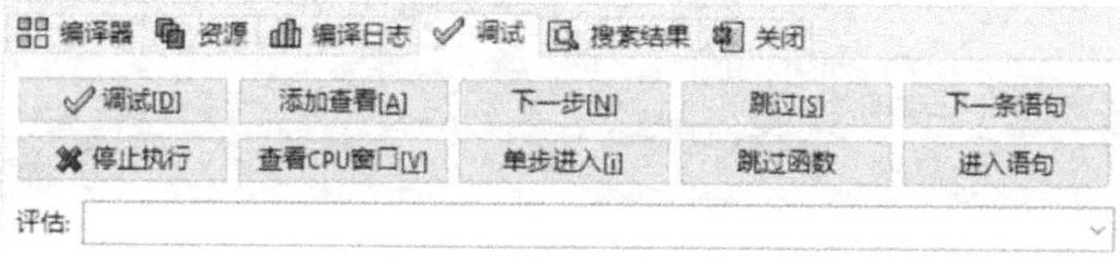


图 2-2-21 单步执行程序

（3）设置 watch 窗口。

在对程序进行调试时，通常要对每条语句的执行结果进行监控，为了更清楚地查看每个变量的动态值，可设置 watch 窗口。单击“添加查看”按钮，然后输入需要监控的变量名称，即可完成对该变量的 watch 窗口的添加。图 2-2-22 中添加了变量 a 的 watch 窗口。

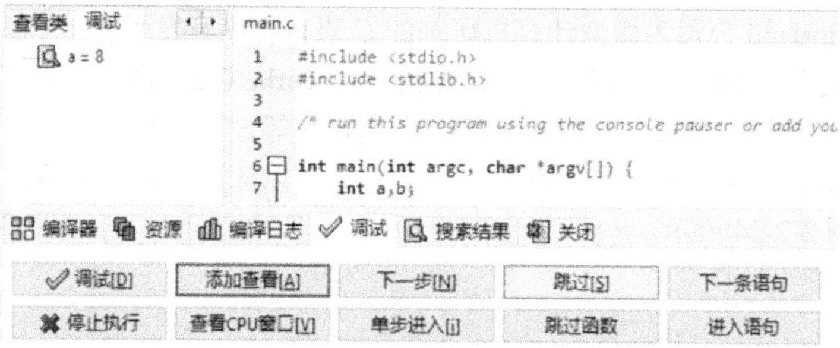


图 2-2-22 设置 watch 窗口

## 2.3 Visual Studio

Visual Studio（VS）是美国 Microsoft 公司以 C++为基础开发的可视化集成开发工具。VS 作为一个通用的应用程序集成开发环境，包含文本编辑器、资源编辑器、工程编译工具、增量连接器、源代码浏览器、集成调试工具及联机文档等组成部分，其软件设计程序包中还包括 Visual C++、Visual Basic、Visual FoxPro、Visual J++等其他软件，能够实现创建、调试、修改应用程序等操作。其工作界面如图 2-2-23 所示。

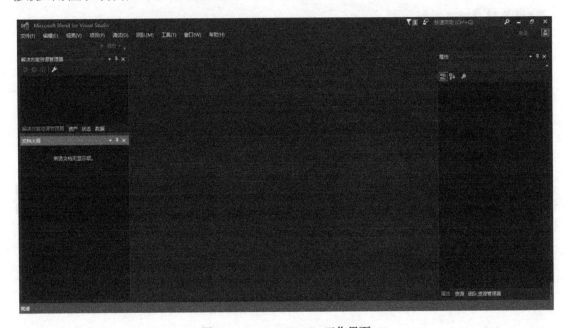


图 2-2-23　Visual Studio 工作界面

虽然 VS 功能完善，但由于其内置软件包太多，且安装包较大，下载与安装很不方便，因此并不适用于常规教学。

## 2.4 Turbo C

Turbo C 是 Borland 公司为微型计算机研制的 C 语言程序开发平台。它集程序编辑、编译、链接、调试、运行于一体，功能齐全，操作便捷。在 Turbo C 2.0 环境下还可实现全屏编辑，利用窗口功能实现编译、链接、调试、运行、环境设置等过程，且系统文件占用空间较小，对显示器等硬件设施要求不高，因此 Turbo C 2.0 几乎可以应用于任何微型计算机上。Turbo C 2.0 工作界面如图 2-2-24 所示。

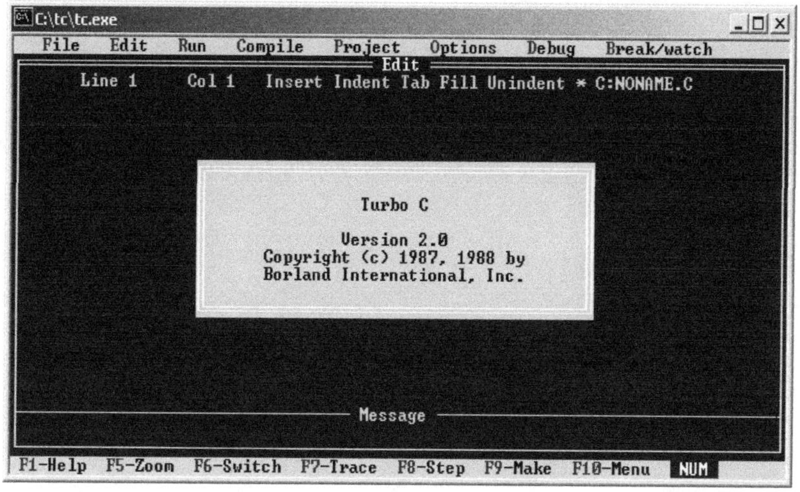


图 2-2-24 Turbo C 2.0 工作界面

# 第3章　初识C语言

## 3.1　概述

程序设计是开发人员通过编写计算机软件程序来解决某种特定问题的过程，而程序设计语言就是开发人员在编写程序时所使用的，用来描述程序执行过程中的指令、规则的符号集合，通常包含语法、语义和语用等方面的内容。

自20世纪60年代以来，程序设计语言一直在不断地发展迭代，产生了第一代机器语言、第二代汇编语言、第三代高级语言等。其中，C 语言作为第三代高级语言中应用最广泛的语言之一，具有功能丰富、表达能力强、有丰富的运算符和数据类型、使用灵活方便、应用面广、移植能力强、编译质量高、目标程序执行效率高等优点。同时，C 语言还具有低级语言的许多特点，如允许直接访问物理地址，能进行位操作，能实现汇编语言的大部分功能，可以直接对硬件进行操作等。用C语言编译程序产生的目标程序，其质量可以与汇编语言产生的目标程序相媲美，因此C语言具有“可移植的汇编语言”的美称，成为编写应用软件、操作系统和编译程序的重要语言之一。

## 3.2　C语言的产生和发展

C 语言集高级语言和汇编语言的优势于一身，能够满足系统软件和应用软件两方面的应用需求。

C语言的原型是ALGOL 60语言，即A语言。1963年，剑桥大学将ALGOL 60语言发展成为组合程序设计语言（Combined Programming Language，CPL），并于1967年对其进行简化，形成了BCPL。接着，美国贝尔实验室的Ken Thompson在1970年对BCPL进行了修改，将其命名为“B语言”，并用B语言写出了第一个UNIX操作系统。1973年，美国贝尔实验室的Dennis M.Ritchie在B语言的基础上设计出了一种新的语言，他将BCPL的第二个字母作为这种语言的名字，这就是C语言。

为了推广UNIX操作系统，Dennis M.Ritchie在1977年发表了不依赖具体机器系统的C语言编译文本《可移植的C语言编译程序》。1978年，Brian W.Kernighian和Dennis M.Ritchie出版了著名的《C程序设计语言》（*The C Programming Language*），奠定了C语言作为目前最高级的程序设计语言的地位。

1987年，随着微型计算机的日益普及，出现了多种C语言版本。由于没有统一的标准，各种版本之间存在很大差异。为了改变这种情况，美国国家标准研究所（ANSI）为C语言制定了一套ANSI标准，后来成为现行的C语言标准。1990年，国际标准化组织（ISO）接受ANSI C为ISO C的标准（ISO 9899—1990）。1994年，ISO修订了C语言的标准。目前流行的C语言编译系统大多是以ANSI C为基础开发的，但不同版本的C语言编译系统所实现的语言功能和语法规则略有差别。

C语言被称为“编程之本”，很多人的编程之路都是从C语言开始的。C语言在现今社会的各个领域应用十分广泛，如大数据、云计算、人工智能等。C 语言不仅适用于各大主流操作系统（如Windows、Linux、UNIX等），在一些主流开发框架（如TensorFlow、Bitcoin和OpenGL等）和一些主流服务器（如Nginx、Apache Tomcat 7等）中也有很广泛的应用。

## 3.3 C语言的特点

C 语言作为目前最流行的编程语言之一，能够满足不同系统软件与应用软件的要求。C语言有以下几个特点。

（1）C语言简洁、紧凑，使用灵活方便。

C语言共有32个关键字和9种控制语句，程序书写自由，大部分用小写字母表示。它不仅能够实现高级语言的基本结构，也能达到低级语言对实用性的要求。

（2）运算符丰富。

C语言共有34个运算符，使得C语言中的运算类型丰富、表达形式多样化，能够完成各种复杂运算。

（3）数据类型丰富。

C 语言中的数据类型有整型、实型、字符型、数组类型、指针类型、结构体类型、共用体类型等，能实现各种复杂数据类型的运算。C语言引入了指针概念，使程序执行效率更高。

（4）C语言具有结构化的控制语句，可实现程序设计结构化、模块化。

C 语言能够做到代码和数据分段隔离，程序的各个部分除必要的信息交换外彼此互不影响，使得程序层次清晰，便于使用、维护及调试。另外，C 语言中提供了大量函数，这些函数可方便地调用。C 语言中还提供了多种循环、条件语句控制程序流向，可实现程序设计结构化。

（5）C语言语法限制不太严格，程序设计自由度大。

一般的高级语言语法检查比较严格，能够检查出几乎所有的语法错误。而C语言赋予程序编写者较大的自由度，一行可以写多条语句，变量类型使用灵活。

（6）C语言允许直接访问物理地址，可直接操作硬件。

C语言既具有高级语言的功能，又具有低级语言的许多功能，能够像汇编语言一样对位、字节和地址进行操作，而这三者是计算机最基本的工作单元，可以用来编写系统软件。

（7）目标代码质量高，代码量小。程序执行效率高，执行速度快，功能强大。

（8）可移植性好。

可移植性是指一种软件在不同种类的计算机系统上运行的可能性，C 语言适用于多种不同的操作系统，如DOS、UNIX、Windows等。

当然，C语言也有不足之处，比如C语言的语法约束不够严格，降低了程序的安全性，且C语言相对于其他开发语言而言较难掌握。

总而言之，C 语言既有高级语言的特点，又有汇编语言的特点；既是一个成功的系统设计语言，又是一个实用的程序设计语言；既能用来编写不依赖计算机硬件的应用程序，又能用来编写各种系统程序。

## 3.4　C 语言的基本框架

### 1. C 语言的基本元素

一个 C 语言程序是由若干语句构成的，语句又是由若干字符构成的，字符是 C 语言中最基本的元素。

1）基本字符集

- 字母：26 个小写字母 a～z，26 个大写字母 A～Z。
- 数字：10 个阿拉伯数字 0～9。
- 空白符：包括空格符、制表符、换行符等。空白符只用在字符常量和字符串常量中，目的是提高程序的可读性。
- 标点符号和特殊字符：C 语言中有 28 个标点符号和特殊字符。

2）标识符

标识符是用来标识常量名、变量名、函数名及文件名等的字符序列。使用时应满足以下条件：

- 标识符应以字母或下画线开头。
- 标识符只能由字母、数字、下画线组成。

3）关键字

关键字是 C 语言中有固定含义的标识符，又称保留字，例如：

- 数据类型：int、double 等。
- 语句种类：if、for 等。
- 程序元素的其他性质：define、static 等。

注意：关键字必须小写。例如，else 与 ELSE 代表不同含义，else 是关键字，ELSE 是普通标识符。

4）运算符

运算符用于对对象进行系统预定义的运算，并得到运算结果。运算符通常由 1 个或 2 个字符组成，如“+”表示加法运算，“=”表示赋值运算，“==”表示相等的判断等。

5）分隔符

分隔符用于表示程序中一个实体的结束和另一个实体的开始。常用的分隔符有括号、逗号、分号等。分隔符没有具体含义，只是对程序结构进行划分。

6）注释

注释用于对程序进行说明，注释内容可以有一行或多行，可以放在程序开头，也可以放在程序末尾。注释的一般形式如下：

```
/*    注释内容    */
/*    一行或多行注释    */
// 注释当前行
```

7）标准标识符

标准标识符是C语言中被赋予特定意义的标识符。例如：

printf：格式化输出库函数的函数名。

scanf：格式化输入库函数的函数名。

INT_MAX：整数类型的最大数据。

8）控制语句

C语言中有9种控制语句，用小写字母书写，作用是压缩不必要的语句内容。

### 2. C语言程序结构

C语言通过一个或多个函数来实现程序功能，函数是C语言的基本组成部分。C语言程序中必有一个主函数main()，它是每个程序执行过程的起始位置。

（1）C语言程序中包含3种函数。

- main()：主函数，每个C语言程序有且仅有一个主函数。
- 系统提供的库函数，如printf()、scanf()等。
- 程序员自行设置的函数，如max()。

（2）一个完整的函数主要由以下两部分组成。

- 函数首部（函数头），包括函数名、函数类型（返回值类型）、函数属性、形式参数名、形式参数类型等。
- 函数体，即大括号中的部分。函数体中包含变量定义部分和执行部分。

下面以主函数为例说明函数的结构：

```
main()            //函数首部，指定函数名、函数参数等信息
{                 //函数体的开始
                  //函数体内的语句
}                 //函数体的结束
```

（3）程序中的每条语句均以分号结束。例如：

```
c=a +b;
```

（4）C语言程序书写格式自由，一条语句可以占多行，一行也可以有多条语句。

（5）C语言程序从主函数开始执行，随着主函数的结束而结束，其他函数通过函数嵌套来执行。

（6）C语言程序用函数进行输入和输出。

## 3.5 C语言程序设计过程

C语言程序设计过程主要包含以下几个步骤。

（1）需求分析：通过分析用户的特定需求，找到解决问题的方法。

（2）算法设计：给出解决问题的具体算法与实施步骤。

（3）编写程序：将算法翻译成计算机程序设计语言，对源程序进行编辑、编译和链接。

（4）运行和调试程序：运行可执行程序，得到运行结果，并对运行结果进行分析。若结果不合理，则需要对程序进行调试，以排除程序中的错误。

（5）编写程序文档：程序调试完成后，须向用户提供程序说明书，包括程序名称、程序功能、执行环境、注意事项等。

C 语言程序要经过编辑、编译、链接和运行等环节才能实现具体功能。具体实现过程如图 2-3-1 所示。

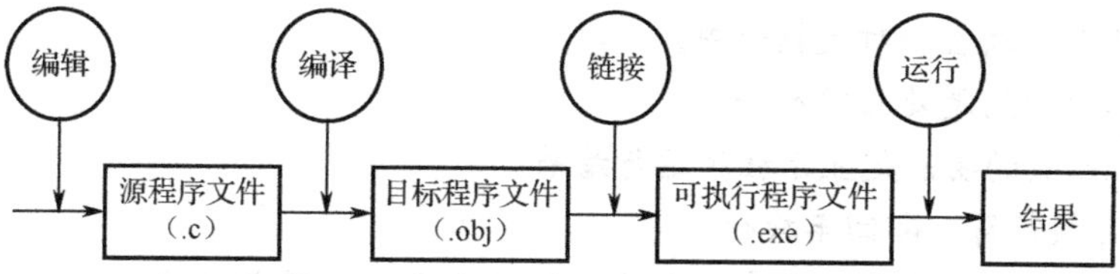


图 2-3-1　C 语言程序功能实现过程

（1）编辑源程序。

在 IDE 的相关程序编辑器中完成对原始代码的编辑，输入的语句一般以文本形式存储在计算机中，文件扩展名为.c。其中，编辑器可以是 Arduino IDE 和 Dev-C++等自带的文本编辑器，也可以是 Windows 操作系统提供的“写字板”或各种字符处理软件等。

（2）编译源程序。

写好的原始代码是无法直接被计算机执行的，计算机只能执行 0 和 1 的机器指令，因此需要将源程序翻译成机器指令，这个过程称为源程序的编译过程。源程序编译之后生成的机器指令程序称为目标程序，其文件扩展名为.obj。

（3）链接程序。

在源程序中使用的标准函数，如 scanf()、printf()等，是从系统函数库中调用的库函数。因此，必须将目标程序与库函数进行链接，才能生成扩展名为.exe 的可执行程序文件。

（4）运行程序。

执行.exe 文件，得到最终结果。

## 3.6　编写简单的 C 语言程序

**【例 3-6-1】** 第一个程序“Hello, World!”。

```
#include <stdio.h>
int main()
{
      printf("Hello,World! \n");
}
```

程序运行结果如图 2-3-2 所示。

图 2-3-2　程序运行结果

小贴士

（1）C 程序一般用小写字母书写。

（2）每个 C 程序有且仅有一个主函数。

（3）程序体必须放在一对大括号中。

（4）每条语句的结尾处必须有分号。

（5）printf()函数的功能是显示程序运行结果。

（6）“\n” 是换行符，即回车换行。

（7）“#include” 是文件包含命令，属于预处理命令，通常放在主函数之前，用于将有关的头文件包含到用户源文件中。被包含的文件通常是由系统提供的，其扩展名为.h。“stdio.h” 为标准输入/输出库文件，其内定义了 printf()函数的原型。

【例 3-6-2】求两个整数中的大数。

```
#include <stdio.h>
int max(int x, int y)
{
     int   z ;
     if (x>y) z=x;elsez=y;
     return (z);
}
main( )
{
      int a,b,c;
      printf("请输入两个整数: ");
scanf("%d, %d",&a,&b);
      c=max(a,b);
      printf("%d ,%d 中的大数为：%d\n\n\n",a,b,c);
}
```

程序运行结果如图 2-3-3 所示。

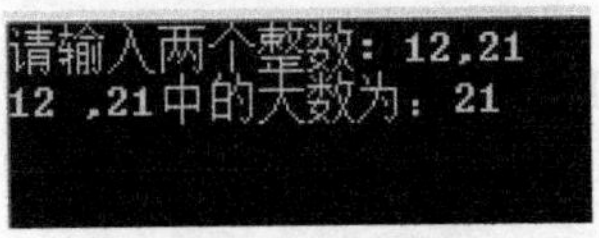


图 2-3-3　程序运行结果

小贴士

（1）本程序的功能是输入两个整数，输出其中较大的数。

（2）本程序由两个函数模块组成：主函数 main()和子函数 max()。子函数 max()是一个用户自定义函数，功能是比较两个数的大小，然后把较大的数返回给主函数。

（3）标准库函数由系统定义，用户在程序中直接调用即可，比如程序中的输入/输出函数scanf()和 printf()。与标准库函数不同，自定义函数由用户定义，定义好后就可以像标准库函数一样使用。

（4）本程序从 main()函数开始执行，执行到语句 “c=max(a,b);” 时转到 max()函数，遇到 return 语句返回主函数继续执行，直到程序结束。

（5）本程序的执行过程如下：首先在屏幕上显示提示字符串，请用户输入两个数，回车后由 scanf()函数语句接收这两个数，并送入变量 a 和 b 中，然后调用 max()函数，把 a 和 b 的值传给 max()函数的参数 x 和 y，在 max()函数中比较 x 和 y 的大小，把大者通过中间变量返回给主函数中的变量 c，最后在屏幕上输出 c 的值。

**【例 3-6-3】**计算并输出一个数的平方。

```
#include <stdio.h>
main()
{
      float  a,b;
      a=2.8;
      b=a*a;
      printf("%f\n",b);
 }
```

程序运行结果如图 2-3-4 所示。

图 2-3-4 程序运行结果

### 小贴士

（1）本程序由一个主函数 main()构成，包含 4 条语句。程序的功能是计算一个数的平方，并输出结果。

（2）C 语言用函数进行输入和输出，如 printf()、scanf()。

（3）每条语句必须以分号结尾，但预处理命令、函数头和大括号后不能加分号。

### 练一练

1. 运行下面的程序，记录运行结果，并保存程序。

```
#include "stdio.h"
main()
{int   a,b,sum;
 float   aver;
     a=12;b=25;
      sum=a+b;
      aver=sum/2.0;
```

```
        printf("sum is %d\n",sum);
        printf("aver is %f\n",aver);
    }
```

2. 调试下面的程序，并改正其中的错误，使之顺利运行。

```
#include <stdio.h>;
main()
{
    float a,b;
    a=2.8
    b=4.5;
    print("a=%f,b=%f\n",a,b);
}
```

3. 参照例3-6-1，编写自己的第一个程序，程序运行结果如图2-3-5所示。

图2-3-5 程序运行结果

# 第4章　点亮一个LED

本章将利用Arduino开发板点亮一个LED，并介绍与此相关的C语言基础知识。先看一个日常生活中的简单例子。

**【案例导入】** 某个家庭中有冰箱、洗衣机、电视机和空调四件家电，知道每件家电的功率，如何计算总功率呢？

案例程序如下：

```
#include <stdio.h>
int main()                                  //主函数
    {
    int a,b,c,d;                            //用整型定义四件家电各自的功率
    long p;                                 //用长整型定义总功率
    printf("请分别输入四件家电的功率：");
    scanf("%d%d%d%d",&a,&b,&c,&d);          //输入各个功率值
    p=a+b+c+d;                              //求总功率
    printf("总功率为：");
    printf("%ld\n",p);                      //输出总功率的值

}
```

程序运行结果如图2-4-1所示。

请分别输入四件家电的功率：65 80 120 2000
总功率为：2265


图2-4-1　案例程序运行结果

**小贴士**

所有程序设计语言都用数据类型来描述程序中的数据结构、数据表示范围、数据在内存中的存储分配等。在学习程序设计的过程中，我们要不断地与数据类型打交道。

## 4.1　C语言数据类型

### 4.1.1　常量

常量是指程序运行过程中其值不发生变化的量。C语言中的常量有整型常量、实型常量、字符常量、字符串常量和符号常量等。

### 1. 整型常量

整型常量就是整常数，有以下三种表示形式。

（1）十进制数：以非 0 数字开头的数，如 123、−123 等，其每个数字位可以是 0～9。

（2）八进制数：以数字 0 开头的数，如 0123、−0123 等，其每个数字位可以是 0～7。

（3）十六进制数：以 0x（或 0X）开头的数，如 0xffff、0x1111、−0x123 等，其每个数字位可以是 0～9、A～F（或 a～f）。

整型常量的长度一般为 16 位二进制位，因此其数值范围是有限的。十进制无符号数的范围为 0～65535，有符号数的范围为−32768～+32767。八进制无符号数的范围为 0～0177777。十六进制无符号数的范围为 0x0～0xFFFF 或 0X0～0XFFFF。如果使用的数超出了上述范围，就必须用长整型数来表示。长整型数带有后缀“L”，如 158L、077L、0XA5L。

### 2. 实型常量

实型常量在 C 语言中又被称为实数或浮点数。在 C 语言中，实数只采用十进制表示。它有两种表示形式。

（1）普通十进制形式。这种形式的数由整数部分、小数点和小数部分组成（注意：必须有小数点），如 3.14、0.618、.520、1314.、234.0、0.0 等。

（2）指数形式。这种形式的数由三部分组成：实数部分、字母 E 或 e 和整数部分。例如，$1.23\times10^4$ 可以表示为 1.23E4 或 1.23e4。注意：字母 E 或 e 之前必须有数字，之后的数字必须为整数。如 e3、2.1e3.5、2.7e、e 等都不是合法的指数形式。

### 3. 字符常量

C 语言中的字符常量是用单引号（'）括起来的一个字符。如'A'、'x'、'D'、'?'、'3'、'X'等都是字符常量。它有以下特点：

（1）字符常量只能用单引号括起来。

（2）字符常量只能是单个字符，不能是字符串。

（3）字符可以是计算机系统所采用的字符集中的任意字符。字符在计算机内是用二进制代码来表示的，大多数计算机系统采用 ASCII 码。

**【例 4-1-1】**分析以下程序，思考程序运行结果是否符合所学知识。

```
#include <stdio.h>
int main()                                   //主函数
{
    int a=123,b=-0x123;                      //整型常量实例
    float c=3.14,d=.520,e=1.23e4;            //实型常量实例
    char f='A',g='?';                        //字符常量实例
    printf("%d %d\n",a,b);                   //输出整型数据
    printf("%f %f    %f\n",c,d,e);           //输出实型数据
    printf("%c %c\n",f,g);                   //输出字符型数据
}
```

程序运行结果如图 2-4-2 所示。

```
123     -291
3.140000        0.520000        12300.000000
A       ?
```

图 2-4-2　例 4-1-1 程序运行结果

### 4. 字符串常量

字符串常量是用双引号括起来的字符序列，如"string"、"This is my first program!"。C 语言规定字符串的存储方式如下：字符串中的每个字符（转义字符只能被看成一个字符）按照它们的 ASCII 码的二进制形式存储在内存中，并在存放字符串中最后一个字符的位置后面再存入一个字符'\0'（ASCII 码为 0 的字符），这是字符串结束标志。

例如，"string"在内存中的表示形式如下：

| | | | | | | |
|---|---|---|---|---|---|---|
| s | t | r | i | n | g | \0 |

字符串"x"在内存中的表示形式如下：

| | |
|---|---|
| x | \0 |

字符串"x"在内存中占 2 字节，而字符'x'在内存中只占 1 字节，所以'x'和"x"是两种不同的数据，不要将它们搞混。

字符串常量占的内存字节数等于字符串的字节数加 1，增加的 1 字节用于存放字符串结束标志'\0'（ASCII 码为 0）。

### 5. 符号常量

C 语言允许将程序中的常量定义为一个标识符，称为符号常量。符号常量一般使用大写英文字母表示，以区别于用小写英文字母表示的变量。符号常量在使用前必须先定义，定义的形式如下：

```
#define　标识符　常量
```

其中，#define 是宏定义命令的专用定义符，标识符是符号常量的名称，常量可以是前面介绍的几种类型中的任何一种。例如，在 C 程序中，要用 PI 代表实型常量 3.1415927，用 W 代表字符串常量"Windows XP"，可采用下面两个宏定义命令：

```
#define PI 3.1415927
#define W "Windows XP"
```

#define 是 C 语言中的预处理命令，称为宏定义命令，其功能是把标识符定义为其后的常量值。一经定义，以后在程序中所有出现该标识符的地方均代之以该常量值。定义符号常量的目的是提高程序的可读性，便于调试和修改程序。若要对一个程序中多次使用的符号常量的值进行修改，只需要对预处理命令中定义的常量值进行修改。

## 4.1.2 变量

在程序运行过程中，其值能被改变的量称为变量。

C 语言中变量的名称用标识符来表示。所谓标识符，是指用来标识程序中用到的变量名、函数名、类型名、数组名、文件名及符号常量名等的有效字符序列。C 语言规定标识符只能由字母、数字和下画线三种字符组成，且第一个字符必须为字母或下画线。例如：

- year、sum、student_name、_above、lotus_1_2_3 是合法的标识符。
- M.D.john、$123、#33、3d64、a>b 是不合法的标识符。

在 C 语言中，大小写有区别，SUM、Sum、sum 是三个不同的变量。

**小贴士**

变量的命名规则如下：

（1）变量名只能由字母、数字和下画线组成，且第一个字符不能为数字。

（2）变量名应做到望文知意，便于记忆和阅读，最好采用英文单词或其组合，不要使用汉语拼音。

（3）变量名要符合言简意赅的原则。例如，变量名 MaxVal 就比 MaxValueUntilOverflow 好用。

（4）当变量名由多个单词组成时，每个单词的第一个字母大写，其余字母全部小写。

（5）尽量避免变量名中出现数字编号，如 Value1、Value2 等。

（6）变量名不能与系统中的关键字或特定字相同，也要避免相似。

### 1．整型变量

整型变量可分为基本型、短整型、长整型和无符号型。无符号型又分为无符号整型、无符号短整型和无符号长整型。

基本型以 int 表示。

短整型以 short int 表示，或以 short 表示。

长整型以 long int 表示，或以 long 表示。

无符号整型以 unsigned int 表示。

无符号短整型以 unsigned short 表示。

无符号长整型以 unsigned long 表示。

以 IBM PC 和 Turbo C 语言为例，整型数据所占内存及数值范围见表 2-4-1，表中方括号表示内容可选。

**表 2-4-1　整型数据所占内存及数值范围**

| 数据类型 | 所占位数 | 数值范围 |
|---|---|---|
| int | 16 | −32768～32767，即 $-2^{15}$～$(2^{15}-1)$ |
| short [int] | 16 | −32768～32767，即 $-2^{15}$～$(2^{15}-1)$ |
| long [int] | 32 | −2147483648～2147483647，即 $-2^{31}$～$(2^{31}-1)$ |
| unsigned [int] | 16 | 0～65535，即 0～$(2^{16}-1)$ |
| unsigned short | 16 | 0～65535，即 0～$(2^{16}-1)$ |
| unsigned long | 32 | 0～4294967295，即 0～$(2^{32}-1)$ |

整型变量的定义如下所示：

```
int a,b;                    /*定义变量 a、b 为整型*/
unsigned short c,d;         /*定义变量 c、d 为无符号短整型*/
long e,f;                   /*定义变量 e、f 为长整型*/
```

**【例 4-1-2】** 编程求两个数的和。

```
#include <stdio.h>
int main()
{
    int a,b,c;              //定义 a、b、c 为整型变量
    a=3276;
    b=3;
    c=a+b;
    printf("c=%d",c);       //按整型格式输出变量 c 的值
}
```

程序运行结果如图 2-4-3 所示。

图 2-4-3 例 4-1-2 程序运行结果

### 2. 实型变量

C 语言中的实型变量分为单精度（float 型）和双精度（double 型）两类。实型变量必须在使用前加以定义。例如：

```
float x,y;                  /*指定 x、y 为单精度实数*/
double z;                   /*指定 z 为双精度实数*/
```

通常，一个单精度实数在内存中占 4 字节（32 位），一个双精度实数在内存中占 8 字节。单精度实数提供 6 位或 7 位有效数字，双精度实数提供 15 位或 16 位有效数字，数值范围随计算机系统而异。

注意：实型常量不分 float 型和 double 型。一个实型常量可以赋值给一个 float 型或 double 型变量，根据变量的类型截取实型常量中相应的有效位数字。

**【例 4-1-3】** 已知圆的半径，求圆的周长和面积。

```
#include <stdio.h>
    #define PI 3.1416           /*定义符号常量 PI */
    main()
    {
        float r,c,s;
        printf("请输入半径的值：");
        scanf("%f",&r);
        c=2*PI*r;               /*编译时用 3.1416 替换 PI */
        s=PI*r*r;
        printf("c=%f,s=%f",c,s);
    }
```

程序运行结果如图 2-4-4 所示。

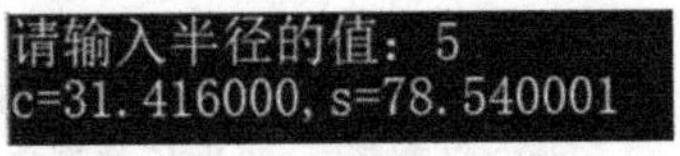
请输入半径的值：5
c=31.416000,s=78.540001

图 2-4-4　例 4-1-3 程序运行结果

### 3．字符型变量

字符型变量用来存放单个字符，定义形式如下：

```
char c1,c2;
```

可对 c1、c2 赋值：

```
c1='a';c2='b';
```

注意：不能将字符串常量赋给一个字符型变量。

**【例 4-1-4】**编程实现从键盘输入一个小写字母，输出其对应的大写字母。

```
#include <stdio.h>
main()
{
    char ch1,ch2;
    printf("请输入一个小写字母:");
    scanf("%c",&ch1);
    ch2=ch1-32;
    printf("%c\n",ch2);
}
```

程序运行结果如图 2-4-5 所示。

请输入一个小写字母:g
G

图 2-4-5　例 4-1-4 程序运行结果

**小贴士**

定义变量时仅为变量分配内存，并不对这部分内存进行清空操作，其中的原值会被保留且无法确定。因此，在参与运算前应初始化变量，赋予变量初值，以免产生逻辑错误。C 语言规定，可以在定义变量的同时给变量赋初值。例如：

```
int a=3,b=4;
float PI=3.1415926;
char ch1,ch2='a';                  /*可对部分变量赋初值*/
```

如果要对多个同类型的变量赋相同的初值，必须分别赋值。例如：

```
int a=b=c=10;                      /*错误*/
int a=10, b=10, c=10;              /*正确*/
```

以上定义相当于：

```
int a, b, c;                       /*定义变量类型*/
a=10;b=10;c=10;                    /*给变量赋初值*/
```

**练一练**

编程实现：输入圆柱体的高和半径，求圆柱体的体积。

## 4.2　点亮一个LED的控制系统设计

**【案例导入】** 日常生活中，进入房间按一次开关，电源导通，就可以打开灯，再按一次开关，电源断开，就可以熄灭灯。本章要求利用 Arduino 开发板，通过程序设计来点亮 LED。

**拓　展**

LED（Light Emitting Diode，发光二极管）是一种能够将电能转化为可见光的固态半导体器件，如图 2-4-6 所示。LED 具有体积小、耗电量低、工作电压低、工作电流小、发光均匀稳定、响应速度快、寿命长等优点，可用直流、交流、脉冲等电源驱动点亮。它属于电流控制型半导体器件，使用时须串联合适的限流电阻。LED 发光模块有红、绿、蓝等多种颜色，适用范围非常广泛。

如图 2-4-7 所示的 LED 发光模块是由 DFRobot 出品的数字食人鱼 LED 发光模块，该发光模块利用 SMT 将发光二极管焊在 PCB 板上，然后引出 3P 接口，通过 3P 线将 LED 发光模块插到 Arduino 开发板的数字口上。

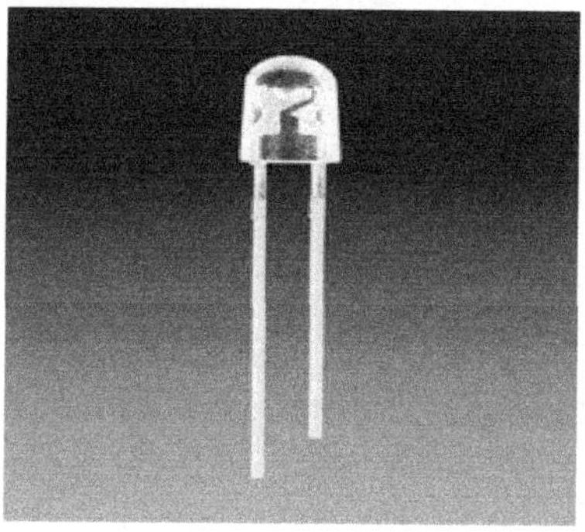

图 2-4-6　发光二极管

图 2-4-7　LED 发光模块

不管是 LED 发光模块还是连接到 Arduino 开发板的其他传感器，一般均有三条连接线，分别为输入电压（标注为“+”“5V”或“VCC”等）、输出信号（标注为“D”或“S”等）及地线（标注为“-”或“GND”等），这三条线分别和 Arduino 开发板的数字口或者模拟口连接。LED 发光模块与 Arduino 开发板的连接如图 2-4-8 所示。

接好线之后要记住接的引脚号，图 2-4-8 中接的是数字引脚。在接线的时候，黑色的线接黑色引脚，即 GND；红色的线接红色引脚，即 VCC；绿色的线接信号引脚，即 D。除此之外，数字引脚 0 和 1 用于计算机和 Arduino 开发板之间的通信，其中数字引脚 0 用于接收信号，数字引脚 1 用于发送信号。

点亮或熄灭 LED 要求数字引脚的值为 1 或 0，即高电平或低电平。对于我们使用的这款 LED 发光模块，高电平点亮 LED，而低电平则熄灭 LED。

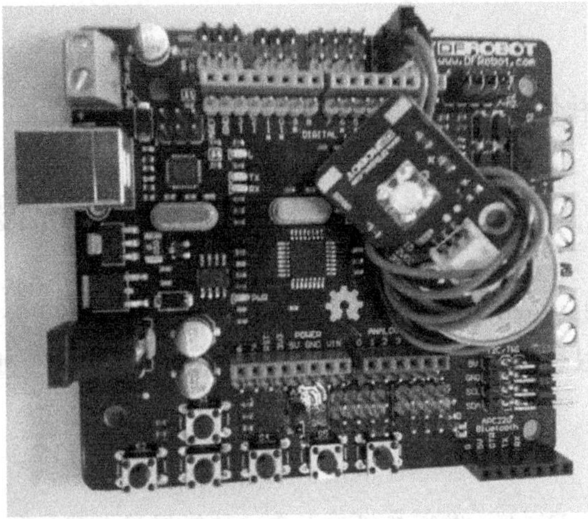

图 2-4-8　LED 发光模块与 Arduino 开发板的连接

### 4.2.1　硬件电路设计

所需硬件如图 2-4-9 所示。

具体包括：

- Arduino UNO（1 块）。
- 面包板（1 块）。
- 220Ω电阻（1 个）。
- LED（1 个）。
- 面包板导线（2 根）。

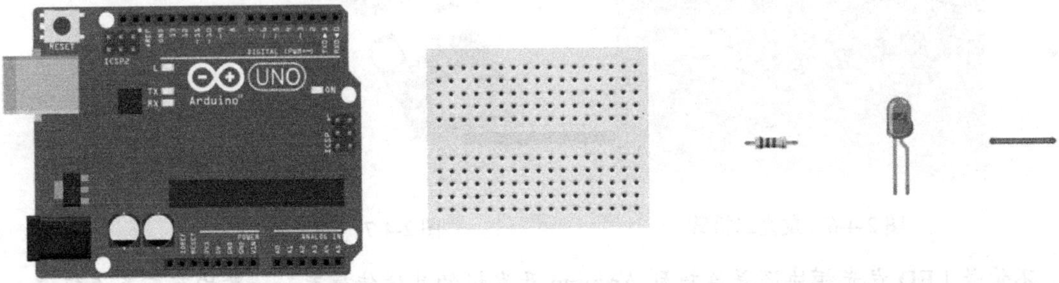


（a）Arduino UNO　　（b）面包板　　（c）电阻　（d）LED　（e）面包板导线

图 2-4-9　所需硬件

除此之外，还需要一条连接计算机和 Arduino 开发板的 USB 线，用来给 Arduino 开发板供电和烧写程序。

需要注意的是，LED 的两个引脚有长短之分，长引脚为正极，插入 13 号孔；短引脚为负极，接地线。

硬件连接的最后一步是连接计算机和 Arduino 开发板，将 USB 线的一端插入计算机的 USB 接口，另一端插入 Arduino 开发板的相应接口，如图 2-4-10 所示。

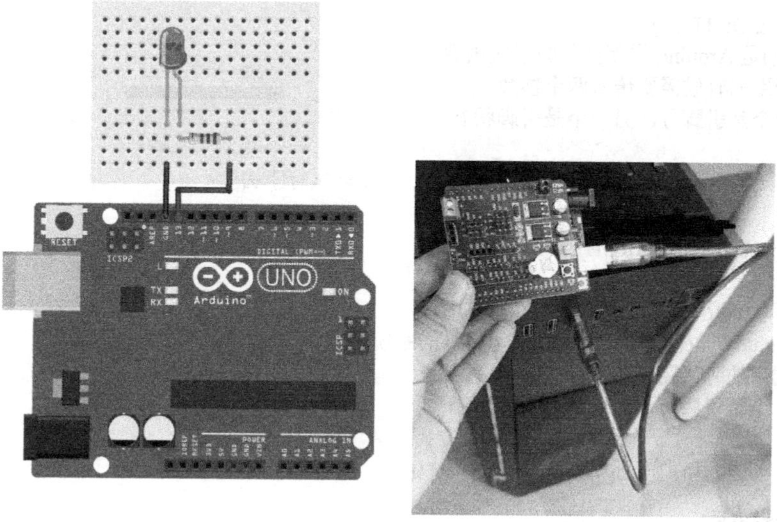


图 2-4-10 连接计算机和 Arduino 开发板

正确连接之后，会看到 Arduino 开发板上的电源指示灯被点亮。

## 4.2.2 程序设计

只有硬件是不能点亮LED的，还需要在Arduino开发板中写入程序，这里使用 Arduino IDE 编写源程序，如图 2-4-11 所示。

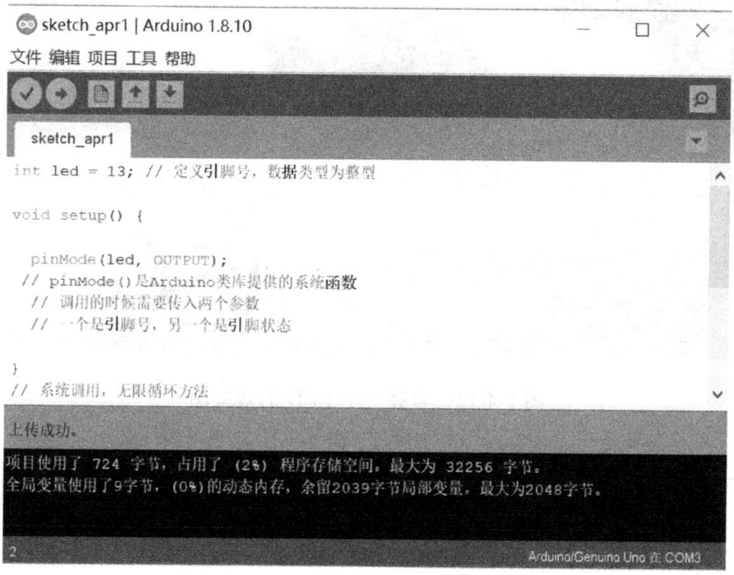


图 2-4-11 编写源程序

程序代码如下：

```
int led = 13;                    //定义引脚号，数据类型为整型
void setup()
{
```

```
pinMode(led, OUTPUT);
// pinMode()是 Arduino 类库提供的系统函数
        //调用的时候需要传入两个参数
        //一个是引脚号，另一个是引脚状态
}
void loop()                              //系统调用，一直循环执行下去
{
         digitalWrite(led, HIGH);
//13 号引脚输出高电平
        //可以点亮 LED
        //digitalWrite()也是 Arduino 类库提供的系统函数
        //调用的时候需要传入两个参数
        //一个是引脚号，另一个是引脚状态
}
```

### 4.2.3 执行效果

完成上面的步骤后，确认 Arduino 开发板与计算机的连接没有问题，选择好 COM 通信端口，单击“上传”按钮。

程序上传成功之后，Arduino 开发板会自动重启，如果一切正常，将会看到 LED 被点亮，如图 2-4-12 所示。

图 2-4-12　点亮一个 LED 的效果图

**练一练**

如何实现 LED 闪烁？

【参考程序一】

```
void setup()
{
  pinMode(13,OUTPUT);                    //将 13 号引脚设置为输出引脚
}

void loop()                              //系统调用，一直循环执行下去
```

```
{
  digitalWrite(13,HIGH);              //13 号引脚输出高电平，将 LDE 点亮
  delay(1000);                        //延时 1 秒
  digitalWrite(13,LOW);               //13 号引脚输出低电平，将 LED 熄灭
  delay(1000);                        //延时 1 秒
}
```

【参考程序二】

```
void setup()
{
  pinMode(LED_BUILTIN, OUTPUT);
}
void loop()
{
  digitalWrite(LED_BUILTIN, HIGH);
  delay(1000);
  digitalWrite(LED_BUILTIN, LOW);
  delay(1000);
}
```

## 拓 展

参考程序二主要包含两部分：setup()函数和 loop()函数。

Arduino 程序启动时会调用 setup()函数。在程序中一般用它来初始化变量、设置引脚模式、启用库等。setup()函数只能在 Arduino 开发板每次上电或复位后运行一次。

loop()函数会在 Arduino 开发板通电或者复位并调用完 setup()函数后循环执行。loop()函数是这个程序的主体，允许程序连续获得外部输入、进行相关处理和向外输出结果。loop()函数中的语句会被 Arduino 开发板一遍又一遍地反复执行，直到 Arduino 开发板复位或者断电关闭。

下面对参考程序二中的代码进行讲解。

setup()函数中只有一条语句：

```
pinMode(LED_BUILTIN, OUTPUT);
```

这条语句的作用是告诉 Arduino 开发板将 LED_BUILTIN（这是一个宏，在 Arduino 的核心库文件“pins_Arduino.h”中已经定义，它代表 13）引脚，即 13 号引脚设置为输出模式。

loop()函数中有四条语句，第一条语句如下：

```
digitalWrite(LED_BUILTIN, HIGH);
```

这条语句的作用是向 13 号引脚写入 HIGH 值。由于该引脚已在 setup()函数中通过 pinMode()配置为 OUTPUT，其电压将被设置为相应的值：HIGH 为 5V，LOW 为 0V（接地）。执行完这条语句后，13 号引脚的电压将被设置为 5V。

由于板载 LED 的正极接 13 号引脚，负极接 GND（0V），根据电路原理，当 13 号引脚的电压为 5V 时，LED 将被点亮。

第二条语句如下：

```
delay(1000);
```

这条语句的作用是告诉 Arduino 开发板，在执行下一条语句之前先等待 1000 毫秒。

第三条语句如下：

```
digitalWrite(LED_BUILTIN, LOW);
```

这条语句的作用是向 13 号引脚写入 LOW 值，其电压将被设置为 0V。根据前面的说明，如果 13 号引脚的电压为 0V，那么板载 LED 将熄灭。

第四条语句如下：

```
delay(1000);
```

这条语句的作用是告诉 Arduino 开发板，在执行下一条语句之前等待 1000 毫秒。由于这是 loop()函数，所以 Arduino 开发板在执行完第四条语句后，又开始执行 loop()函数的第一条语句，如此反复。

# 第 5 章　制作模拟交通灯

随着交通事业的蓬勃发展，机动车保有量连年增长，道路交通日益繁忙，为了实现科学分流，交通灯的应用越来越广泛。这一章我们来学习制作模拟交通灯。

**【案例导入】** 在 Arduino 系统中，如何通过一个按键控制 LED 的亮灭？

案例程序如下：

```
const int buttonPin = 2;                    //定义按键输入引脚为 2 号引脚
const int ledPin = 13;                      //定义 LED 输入引脚为 13 号引脚
//注：此处使用的 LED 是 Arduino 开发板自带的 LED
int buttonState = 0;                        //定义按键状态变量初始值为 0
//对 Arduino 开发板或相关状态进行初始化
void setup()
{
  pinMode(ledPin, OUTPUT);                  //设置 ledPin 端口为输出端口
  pinMode(buttonPin, INPUT);                //设置 buttonPin 端口为输入端口
}
//系统调用，无限循环
void loop()
 {
  buttonState = digitalRead(buttonPin);     //读取按键状态
  (buttonState==HIGH)?digitalWrite(ledPin, HIGH):digitalWrite(ledPin, LOW);
//检查按键状态，如果为 HIGH，则点亮 LED，否则熄灭 LED
}
```

运算符、表达式和语句是构成 C 程序的元素，下面就对它们进行详细介绍。

## 5.1　运算符与表达式

运算符是告诉编译程序执行特定算术或逻辑操作的符号，即用来对数据进行运算的符号。

表达式是由变量、常量和运算符组成的式子，它描述了一个具体的求值运算过程。表达式求值按运算符的优先级和结合性所规定的顺序进行。

C 语言的运算符十分丰富，除控制语句和输入/输出以外的几乎所有的基本操作都可以用运算符处理。C 语言运算符见表 2-5-1。

**表 2-5-1　C 语言运算符**

| 类　型 | 功　能 | 运 算 符 |
|---|---|---|
| 算术运算符 | 用于各类数值运算 | 加（+）、减（−）、乘（*）、除（/）、取余或模运算（%）、自增（++）、自减（−−） |

续表

| 类　型 | 功　能 | 运 算 符 |
|---|---|---|
| 关系运算符 | 用于比较运算 | 大于（>）、小于（<）、等于（==）、大于或等于（>=）、小于或等于（<=）、不等于（!=） |
| 逻辑运算符 | 用于逻辑运算 | 与（&&）、或（\|\|）、非（!） |
| 赋值运算符 | 用于赋值运算 | 简单赋值（=）、复合算术赋值（+=、-=、*=、/=、%=）、复合位运算赋值（&=、\|=、^=、>>=、<<=） |
| 位运算符 | 按二进制位进行运算 | 按位与（&）、按位或（\|）、取反（~）、按位异或（^）、左移（<<）、右移（>>） |
| 条件运算符 | 用于条件求值 | 条件求值（?:） |
| 逗号运算符 | 用于把若干个表达式组合成一个表达式 | 逗号（,） |
| 指针运算符 | 用于取地址和取值 | 取地址（&）、取值（*） |
| 求字节数运算符 | 用于计算数据类型所占字节数 | 计算字节数（sizeof） |
| 下标运算符 | 用于取数组下标 | 取下标（[]） |

## 5.1.1 算术运算符和算术表达式

### 1. 算术运算符

表 2-5-2 列出了 C 语言中的算术运算符。

表 2-5-2　C 语言中的算术运算符

| 运 算 符 | 作　用 | 运 算 符 | 作　用 |
|---|---|---|---|
| + | 加法 | % | 模运算 |
| - | 减法 | ++ | 自增（增 1） |
| * | 乘法 | -- | 自减（减 1） |
| / | 除法 | | |

**小贴士**

算术运算符在使用时要注意以下几点。

（1）两个整数相除，结果为一个整数；分子小于分母时，结果为 0。例如：

- 5/2 的结果为 2。
- 2/5 的结果为 0。

如果参与运算的两个数中有一个数为实数，则结果也是实数，如 5/2.0 的结果为 2.5。

（2）模运算符%，又称取余运算符，要求%两边均为整型数据，而且余数的符号与被除数一致。例如：

- 7%4 的结果是 3。
- 5%8 的结果是 5。
- -5%3 的结果是-2。

（3）自增运算符表示操作数加 1，而自减运算符表示操作数减 1，它们只适用于变量，不能用于常量或表达式，如--5 和(i+j)++等都是非法的。换句话说：

- “++x;” 等价于 “x=x+1;”。
- “--x;” 等价于 “x=x-1;”。

自增和自减运算符可放在操作数之前（称前置运算符），也可放在其后（称后置运算符）。例如，“x=x+1;” 可写成 “++x;” 或 “x++;”。但在表达式中这两种用法是有区别的。自增或自减运算符在操作数之前，C 语言在引用操作数之前先执行加 1 或减 1 操作；运算符在操作数之后，C 语言先引用操作数的值，再进行加 1 或减 1 操作。

例如，当 a=5 时，有以下表达式。

- ++a 的值为 6，且 a=6。
- a++的值为 5，且 a=6。
- b=++a 等价于 “a=a+1;b=a”，表达式的值为 6，且 a=6，b=6。
- b=a++等价于 “b=a;a=a+1”，表达式的值为 5，且 a=6，b=5。

**2. 算术表达式**

用算术运算符和括号将运算对象连接起来的、符合 C 语言语法规则的式子，称为算术表达式。运算对象包括常量、变量、函数等。例如：

3+4.5*a-b*4/3

- -a+b%c

## 5.1.2　赋值运算符和赋值表达式

**1. 基本赋值运算符**

赋值运算符“=”的作用是将赋值运算符右边的表达式的值赋给其左边的变量。例如，b=88 就是将常量 88 赋给变量 b。

赋值运算符的左边必须是变量，右边可以是 C 语言中任意合法的表达式。

由赋值运算符将一个变量和一个表达式连接起来的式子称为赋值表达式。其格式如下：

```
<变量><赋值运算符><表达式>
```

例如：

x=a+b，其作用是将 a+b 的结果赋给变量 x。

x=x+3，其作用是将变量 x 的值取出加 3 之后再赋给 x。

**2. 复合赋值运算符**

为了简化程序并提高编译效率，C 语言允许在赋值运算符“=”之前加上其他运算符，以构成复合赋值运算符，例如：

x=x+5 可以写成 x+=5。

x=x*(y+1)可以写成 x*=y+1。

可以这样理解，对于 A+=B 这样的式子，相当于将 A+复制到“=”的右边变成 A=A+B。若 B 是一个表达式，则相当于 B 的两边有一个括号。例如，x*=y+z 等价于 x=x*(y+z)。

C 语言中的复合算术赋值运算符有：+=、-=、*=、/=、%=。

例如：

a+=3 等价于 a=a+3。

x*=y+8 等价于 x=x*(y+8)。

x%=3 等价于 x=x%3。

**练一练**

尝试分析以下程序的运行结果。

```
#include <stdio.h>
main()
  {
   int a=6,b=8,c=2,x;
   x=a;
   printf(" x=%d\n",x);
   x+=a;
   printf(" x=%d\n",x);
   x*=b+c;
   printf(" x=%d\n",x);
  }
```

## 5.1.3 关系运算符和关系表达式

### 1. 关系运算符

关系运算是逻辑运算的一种简单形式，主要用于比较。C 语言中的关系运算符见表 2-5-3。

表 2-5-3 关系运算符

| 关系运算符 | 含　义 | 关系运算符 | 含　义 |
|---|---|---|---|
| < | 小于 | <= | 小于或等于 |
| > | 大于 | >= | 大于或等于 |
| == | 等于 | != | 不等于 |

关系运算符的优先级低于算术运算符的优先级，并且等于（==）和不等于（!=）运算符的优先级低于其他四种关系运算符的优先级。

### 2. 关系表达式

由关系运算符和操作数组成的表达式称为关系表达式，例如：

a+b>c

x>y

z!=x

15*y==20

关系表达式的值只有两个，即“真”和“假”。在 C 语言中“真”用 1 表示，“假”用 0 表示。当关系式成立时其值为“真”，否则为“假”。

实际上，在程序设计中，判断一个关系表达式的值是否为“真”时，用非 0 表示“真”，用 0 表示“假”。

例如，有“int x=2,y=3,z=5;”，则：

- x>y 的结果为 0。
- z>=y 的结果为 1。
- z==y 的结果为 0。

**练一练**

尝试分析以下程序的运行结果。

```
#include <stdio.h>
main()
  {
    int x = 20;
    int y = 40;
    printf("%d\n",x<y);          //表达式 x<y 的值为“真”吗？输出结果是什么？
    printf("%d\n",x>y);          //表达式 x>y 的值为“真”吗？输出结果是什么？
  }
```

## 5.1.4　逻辑运算符和逻辑表达式

什么是逻辑运算呢？逻辑运算就是将关系表达式或逻辑量用逻辑运算符连接起来，并对其求值的一个运算过程。

### 1. 逻辑运算符

为了表示复杂的条件，需要将若干个关系表达式连接起来，C 语言提供的逻辑运算符就是实现这一目的的，逻辑运算符有：

&&　　逻辑与

||　　逻辑或

!　　逻辑非

设 A 和 B 为参加运算的逻辑量，则以上运算符的含义见表 2-5-4。

**表 2-5-4　逻辑运算符的含义**

| A | B | !A | !B | A&&B | A\|\|B |
|---|---|---|---|---|---|
| 真 | 真 | 假 | 假 | 真 | 真 |
| 真 | 假 | 假 | 真 | 假 | 真 |
| 假 | 真 | 真 | 假 | 假 | 真 |
| 假 | 假 | 真 | 真 | 假 | 假 |

### 2. 逻辑表达式

逻辑表达式是用逻辑运算符将关系表达式或逻辑量连接起来的有意义的式子。逻辑表达式的值也只有两个，即“真”和“假”，其表示方法同关系表达式，用 1 表示“真”，用 0 表示“假”。

例如，有“int a=2,b=3,c=4,d=5;”，则：

- (a>b)&&(c>d)的值为 0（假）。
- !(a>b)的值为 1（真）。

再如，数学上要表示一个变量在某一区间（−15≤x≤10）时，用逻辑表达式可表示为以下形式：

(x>=−15)&&(x<=10)

可以将逻辑表达式的结果赋给一个整型或字符型变量，如当 x=10，y=15 时，下面的语句是正确的。

```
z= (x!=y) && (y==15);          /* z 的值为 1*/
a= (x==y) || (x==15);          /*a 的值为 0*/
```

**小贴士**

（1）逻辑表达式的值只有两个：“真”（1）和“假”（0）。

（2）在判断一个量（字符型、实型）是否为“真”时，0 为“假”，非 0 为“真”。

（3）逻辑运算简单口诀：

逻辑与——全 1 为 1，有 0 则 0。

逻辑或——有 1 则 1，全 0 为 0。

逻辑非——1 非为 0，0 非为 1。

（4）日常生活中的很多事情都可以用逻辑表达式来表达。

例如，“如果明天休息并且不下雨，咱们就出去玩”，这句话是一个“与”关系。假设用 A 表示休息，用 B 表示下雨，用 C 表示明天，那么这句话可表示为 C&&A&&!B，当其结果为“真”时，可以执行“咱们就出去玩”。

又如，判断一个年份是否为闰年，要看其是否满足这样的条件：能被 4 整除，但不能被 100 整除，或者能被 400 整除。可以用下面的式子表示：

(year%4==0&&year%100!=0)|(year%400==0)

当表达式的值为 1 时，就可以判断变量 year 所代表的年份为闰年；反之，当表达式的值为 0 时，可以判断变量 year 所代表的年份不是闰年。

## 5.1.5 条件运算符和条件表达式

条件运算符需要有三个操作对象，称为三目运算符，它是 C 语言中唯一的一个三目运算符。它可以替代部分选择流程控制语句。

条件运算符构成的表达式称为条件表达式，又称问号表达式。

条件表达式的一般形式如下：

```
表达式 1?表达式 2:表达式 3
```

条件表达式的执行过程：当表达式 1 的值为“真”（非 0）时，条件表达式取表达式 2 的值，否则取表达式 3 的值。具体执行过程如图 2-5-1 所示。

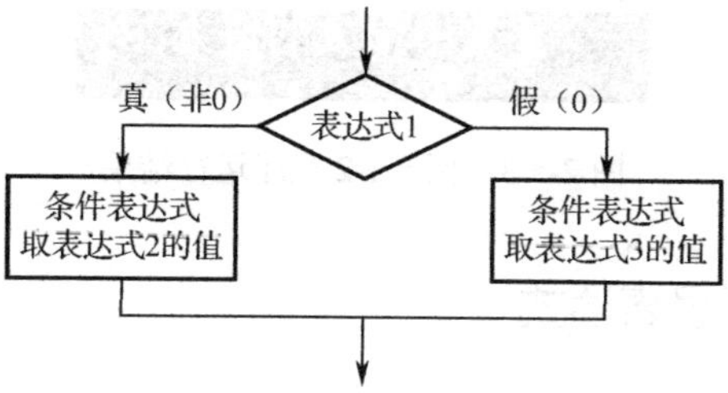


图 2-5-1 条件表达式执行过程

**小贴士**

条件运算符的优先级比赋值运算符高，比关系运算符和算术运算符低。例如：min=(a<b)?a:b 中的括号可以不要，写成 min=a<b?a:b；而 min=a<b?a:b*2 相当于 min=a <b?a:(b*2)，而不是 min=(a<b?a:b)*2。

**【例 5-1-1】**输入一个字符，判别是否为小写字母，如果是，则将其转换为大写字母；如果不是，就不转换。输出最后得到的字母。

```
#include "stdio.h"
main()
{
    char ch;
    printf("\n Please input a character:");
    scanf("%c",&ch);
    ch=(ch>='a' && ch<='z')?(ch-32):ch;      //32 是大写字母与小写字母 ASCII 码的差值
    printf("%c\n",ch);
}
```

程序运行结果如图 2-5-2 所示。

图 2-5-2 例 5-1-1 程序运行结果

**【例 5-1-2】**使用条件表达式实现求三个整数中的最大值。

```
#include <stdio.h>
void main()
{
    int max=0;
    int one=66;
    int two=77;
    int three=88;
    max=one>two?one:two;            //第一次比较，找出前两个数中较大的一个
    max=max>three?max:three;        //第二次比较，和第三个数比，得到的就是最大值
    printf("三个整数中最大的值为%d\n", max);
}
```

程序运行结果如图 2-5-3 所示。

图 2-5-3　例 5-1-2 程序运行结果

### 5.1.6　逗号运算符和逗号表达式

在 C 语言中，逗号既可以作为分隔符使用，又是一种运算符，用逗号将若干个表达式分开便构成了逗号表达式。其一般形式如下：

```
表达式 1,表达式,…,表达式 n
```

逗号表达式的运算次序如下：先计算表达式 1 的值，再计算表达式 2 的值，最后计算表达式 n 的值。逗号表达式的值为表达式 n 的值。例如：

```
13,17,19,23-11
```

是一个逗号表达式，其值为 23-11，即 12。

### 5.1.7　sizeof 运算符

sizeof 运算符以字节形式给出其操作数在内存中占用空间的大小。其操作数是括在括号内的数据类型名或变量名。操作数的存储空间大小由操作数的类型决定。它的使用方法如下。

**1．用于数据类型**

使用形式：

```
sizeof(type)
```

数据类型名必须用括号括起来，如 sizeof(int)。

**2．用于变量**

使用形式：

```
sizeof(var_name)
```

### 5.1.8　数据类型转换

不同类型数据的存储形式有所区别，如字符型数据在内存中是以 ASCII 码的形式存储的，与整型数据的存储形式类似。因此，字符型数据和整型数据之间可以通用。字符型数据既可以以字符形式输出，也可以以整数形式输出。同时，字符型数据可以赋给整型变量，整型数据也可以赋给字符型变量。

除字符型数据和整型数据之间可以通用之外，不同类型的数据在进行混合运算时，往往需要进行类型转换。

### 5.1.9　运算符的优先级和结合性

C 语言中的运算符和数学运算符类似，不仅具有不同的优先级，而且有相应的结合性。各运算量参与运算时，不仅要遵守运算符优先级的规定，还要受运算符结合性的约束，从而确定运算是自左向右进行还是自右向左进行。

在 C 语言中，运算符的优先级共分为 15 级。1 级最高，15 级最低。在表达式中，优先级较高的运算符先于优先级较低的运算符进行运算。当一个运算量两边的运算符优先级相同时，则根据运算符的结合性，按规定的结合方向处理。C 语言中运算符的结合性分为两种，即自左至右和自右至左。

例如，算术运算符的结合性是自左至右，即先左后右。例如，有表达式 x-y+z，则 y 应先与“-”结合，执行 x-y 运算，再执行+z 运算，这一点和数学运算类似。这种自左至右的结合方向就称为“左结合性”，而自右至左的结合方向称为“右结合性”。典型的右结合性运算符是赋值运算符。如 x=y=z，由于“=”的右结合性，应先执行 y=z 运算，再执行 x=(y=z) 运算。

**拓　展**

位运算符用来对二进制位进行操作。

C 语言中有六种位运算符：按位与（&）、按位或（|）、按位异或（^）、取反（~）、左移（<<）和右移（>>）。它们的运算对象都必须为整数。假设变量 A 的值是 60（二进制数 00111100），变量 B 的值是 13（二进制数 00001101）。

（1）按位与（&）：让参与运算的两个数相对应的二进制位相与。规则：只有对应的两个二进制位都为 1 时，结果位才为 1；只要有一个二进制位为 0，结果位就为 0。如 A&B，A 对应的二进制数为 00111100，B 对应的二进制数为 00001101，结果为 12，对应的二进制运算结果为 00001100。

（2）按位或（|）：让参与运算的两个数相对应的二进制位相或。规则：只有对应的两个二进制位都为 0 时，结果位才为 0；只要有一个二进制位为 1，结果位就为 1。如 A|B，结果对应的二进制数为 00111101，结果为 61。

（3）按位异或（^）：让参与运算的两个数相对应的二进制位相异或。规则：当对应的两个二进制位相同（都为 1 或都为 0）时，结果位为 0；当对应的两个二进制位相异时，结果位为 1。如 A^B，结果对应的二进制数为 00110001，结果为 49。

（4）取反（~）：用于求整数的二进制反码。规则：二进制位为 1 的取反后变为 0，二进制位为 0 的取反后变为 1。如~A，结果对应的二进制数为 11000011。

（5）左移（<<）：左操作数按右操作数指定的位数左移，左边丢弃，右边补 0。如 A<<2 结果为 240，二进制数为 11110000。

（6）右移（>>）：左操作数按右操作数指定的位数右移，左边补 0，右边丢弃。如 A>>2 结果为 15，二进制数为 00001111。

## 5.2 语句

语句是 C 程序的基本组成部分。C 程序的功能是通过执行语句实现的。语句的作用是向计算机系统发出操作指令，要求其执行相应的操作。一条 C 语句经过编译后会产生若干条机器指令，供计算机执行。

一个 C 程序可以由若干个源程序文件组成，一个源程序文件可以由若干个函数和预处理命令及全局变量声明部分组成。一个函数由数据声明部分和执行语句组成。

在 C 程序中，任何以分号结尾的表达式都是一条语句。语句可以是简单语句或复合语句，简单语句以分号结尾。

C 语句可分为以下五类：

（1）表达式语句。

（2）控制语句。

（3）复合语句。

（4）空语句。

（5）函数调用语句。

### 1. 表达式语句

表达式语句是由表达式加上分号组成的。

其一般形式如下：

```
表达式;
```

例如："a=b+c;"是赋值语句；"i++;"是自增 1 语句，每执行一次，i 的值增 1。

最典型的是由一个赋值表达式构成一条赋值语句。

例如："a=2"是一个赋值表达式，而"a=2;"是一条赋值语句。

一个表达式的末尾加一个分号就构成了一条语句。表达式语句的末尾必须有一个分号。在这里，分号是语句中不可缺少的组成部分，而不是两条语句间的分隔符。

赋值语句是表达式语句的一种，是由赋值表达式加上分号构成的表达式语句。

其一般形式如下：

```
变量=表达式;
```

赋值语句的功能和特点都与赋值表达式相同。它是程序中使用最多的语句之一。

### 2. 控制语句

控制语句用于完成一定的控制功能。控制语句是用于控制程序的流程，以实现程序的各种结构方式的语句。它由特定的语句定义符组成。

C 语言中的控制语句有以下几种。

（1）条件语句：if 语句、switch 语句。

（2）循环语句：do-while 语句、while 语句、for 语句。

（3）转向语句：break 语句、goto 语句、continue 语句、return 语句。

### 3．复合语句

C 程序中把多条语句用大括号括起来组成的一条语句称为复合语句。

在程序中应把复合语句看成单条语句，而不是多条语句。

例如，下面的语句是一条复合语句。

```
{
    int a,b,c,x,y,z;
    a=b+c;
    x=y+z;
    printf("%d%d",x,a);
}
```

复合语句内的各条语句都必须以分号结尾，而在大括号外不能再加分号。

### 4．空语句

仅由分号组成的语句称为空语句。空语句是什么也不执行的语句。在程序中空语句可用作空循环体。

例如：

```
while(getchar()!='\n');
```

上述语句的功能是，只要从键盘输入的字符不是回车符就重新输入。这里的循环体为空语句。

### 5．函数调用语句

函数调用语句由一个函数调用加一个分号构成。

其一般形式如下：

```
函数名(实际参数表);
```

执行函数调用语句就是调用函数体，并把实际参数赋予函数定义中的形式参数，然后执行被调用函数体中的语句，求取函数值。

例如：

```
printf("C Program");
```

上述语句的功能是调用库函数，输出字符串。

## 5.3　C 语言中的基本输入/输出函数

在 C 语言中，所有的数据输入/输出都是通过库函数完成的。

C 语言标准库提供了两个控制台格式化输入/输出函数：scanf()和 printf()。这两个函数可以在标准输入/输出设备上以各种不同的格式读/写数据。scanf()函数用来从标准输入设备（键盘）上读数据，printf()函数用来向标准输出设备（显示器）写数据。

**小贴士**

（1）在使用 C 语言库函数时，要用预处理命令“#include”将有关头文件包含到源文件中。在使用标准输入/输出库函数时需要用到“stdio.h”文件，因此源文件开头应有以下预处理命令：

```
#include<stdio.h>
```

或

```
#include"stdio.h"
```

stdio 是 standard input&outupt 的意思。

（2）考虑到 printf()和 scanf()函数使用频繁，系统允许在使用这两个函数时可不加以下命令：

```
#include<stdio.h>
```

或

```
#include"stdio.h"
```

### 5.3.1 printf()函数

printf()函数是格式化输出函数，其功能是按照用户指定的格式，把指定的数据输出到屏幕上。

printf()函数的格式如下：

```
printf("格式控制字符串",输出表项);
```

其中，格式控制字符串用来说明输出表项中各输出项的输出格式。输出表项列出了要输出的项，各输出项之间用逗号分隔。格式控制字符串是以“%”打头的字符串，在“%”后面跟不同的格式符，用来说明输出数据的类型、形式、长度、小数位数等。

格式控制字符串的形式：%[输出最小宽度][.精度][长度]类型。

例如：

%d 表示用十进制整型格式输出。

%f 表示用实型格式输出。

%5.2f 表示输出宽度为 5（包括小数点），并包含 2 位小数。

常用的格式符及附加格式符见表 2-5-5 和表 2-5-6。

**表 2-5-5　常用格式符**

| 格 式 符 | 意　义 |
|---|---|
| d | 以十进制形式输出带符号整数（正数不输出符号） |
| o | 以八进制形式输出无符号整数（不输出前缀 0） |
| x | 以十六进制形式输出无符号整数（不输出前缀 0x） |

续表

| 格 式 符 | 意 义 |
|---|---|
| u | 以十进制形式输出无符号整数 |
| f | 以小数形式输出单、双精度实数 |
| e | 以指数形式输出单、双精度实数 |
| g | 以%f 和%e 中较小的输出宽度输出单、双精度实数 |
| c | 输出单个字符 |
| s | 输出字符串 |

**表 2-5-6 附加格式符**

| 附加格式符 | 含 义 |
|---|---|
| l | 输出长整型数据，可用在格式符 d、o、x、u 前 |
| h | 输出短整型数据，可用在格式符 d、o、x、u 前 |
| m（整数） | m 表示输出数据的最小宽度，m 为正时，输出的数据或字符右对齐；m 为负时，输出的数据或字符左对齐 |
| .n（整数） | n 为一个正整数。当输出实数时，表示输出 n 位小数。当输出字符串时，表示截取的字符个数 |
| -（负号） | 输出的数字或字符在域内向左靠 |

例如：

%ld——输出十进制长整型数。

%m.nf——右对齐，m 位域宽，n 位小数或 n 个字符。

%-m.nf——左对齐。

**【例 5-3-1】**整型数据的输出。

```
#include <stdio.h>
main( )
{
int a=11,b=22;
   int m=-1;   long n=123456789;
   printf("%d %d\n",a,b);                        //以十进制整型格式输出，\n 表示输出后换行
   printf("a=%d, b=%d\n",a,b);                   //%前的字符可原样输出
   printf("m: %d, %o, %x, %u\n",m,m,m,m);        //输出格式依次为
//十进制、八进制、十六进制、十进制无符号
   printf("n=%d\n",n);
   printf("n=%ld\n",n);                          //输出十进制长整型数据
}
```

程序运行结果如图 2-5-4 所示。

11 22
a=11, b=22
m: -1, 37777777777, ffffffff, 4294967295
n=123456789
n=123456789


图 2-5-4 例 5-3-1 程序运行结果

### 5.3.2 scanf()函数

scanf()函数是格式化输入函数，即按照格式控制字符串规定的格式，从键盘上把数据输入指定的变量之中。scanf()函数的一般形式如下：

```
scanf("格式控制字符串",输入项地址列表);
```

其中，格式控制字符串的作用与 printf()函数相同，但不能显示非格式字符串，也就是不能显示提示字符串。输入项地址列表用于给出各变量的地址，地址是由地址运算符“&”后跟变量名组成的。

例如：

```
scanf("%d%d", &a, &b);
```

其中，&为地址运算符。&a 表示变量 a 在内存中的地址。

**小贴士**

scanf()函数中格式控制字符串的构成与 printf()函数基本相同，但使用时有几点不同。

（1）在格式控制字符串中可以指定数据的宽度，但不能指定数据的精度。例如：

```
float a;
scanf("%10f"，&a);              //正确
scanf("%10.2f",&a);             //错误
```

（2）输入 long 型数据时必须使用%ld，输入 double 型数据时必须使用%lf 或%le。

### 5.3.3 putchar()函数

putchar()函数是字符输出函数，其功能是在显示器上输出单个字符。

其一般形式如下：

```
putchar(字符变量);
```

例如：

```
putchar('A');                   //输出大写字母 A
putchar(x);                     //输出字符变量 x 的值
```

**【例 5-3-2】** putchar()函数的功能。

```
#include<stdio.h>
main()
{
    int ch;
    ch=65;                      //将 ASCII 码 65 赋给变量 ch
    putchar(ch);                //用 putchar()函数输出一个字符
}
```

程序运行结果如图 2-5-5 所示。

A

图 2-5-5 例 5-3-2 程序运行结果

### 5.3.4 getchar()函数

getchar()函数的功能是从键盘输入一个字符。

其一般形式如下：

```
getchar();
```

通常把输入的字符赋给一个字符变量，构成赋值语句，例如：

```
char c;
    c=getchar();                          //从键盘输入一个字符赋给变量 c
```

【例 5-3-3】getchar()函数的功能。

```
#include "stdio.h"
main()
{
    int  ch;
    printf("Enter a character:");
    ch=getchar();                            //用 getchar()函数输入一个字符
    putchar(ch);                             //用 putchar()函数输出一个字符
    printf("\nASCII('%c')=0x%x\n", ch, ch);  //用 printf()函数显示该字符
//及其十六进制代码
}
```

程序运行结果如图 2-5-6 所示。

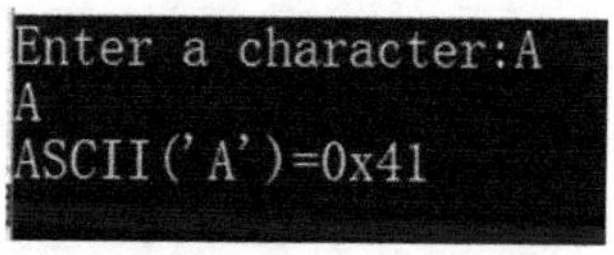
Enter a character:A
A
ASCII('A')=0x41

图 2-5-6 例 5-3-3 程序运行结果

该程序用 getchar()函数接收输入的一个字符并赋给变量 ch，然后用 printf()函数显示该字符及其十六进制代码。

## 5.4 顺序结构程序设计举例

所谓顺序结构，是指程序从头到尾按部就班地执行下去，不会出现中途放弃或者跳转的情况。相应的程序称为顺序结构程序。

顺序结构是程序设计中最简单的程序结构，也是最常用的程序结构，只要按照解决问题的先后顺序写出相应的语句即可，它的执行顺序是自上而下，依次执行。

【例 5-4-1】使用“第三变量法”交换 a 和 b 之中的数据。

```
#include<stdio.h>
main()
 {
  int a,b,t;
  printf("输入两个数：");
  scanf("%d%d",&a,&b);
  t=a;a=b;b=t;                          //第三变量法，将 a 和 b 的值互换
  printf("a=%d b=%d\n",a,b);
 }
```

程序运行结果如图 2-5-7 所示。

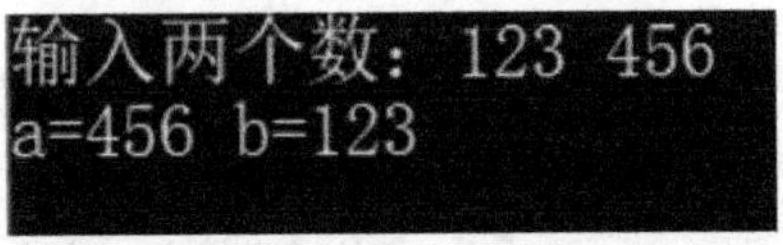


图 2-5-7　例 5-4-1 程序运行结果

**小贴士**

很多语言的程序设计都是从数据交换这个经典算法开始的。所谓数据交换是指将两个性质相同的数据进行对换。例如，有两个整数 a 和 b，a=1，b=2，在交换之后变成 a=2，b=1。

数据交换的算法是由变量的性质所决定的，由于变量在同一时刻只能存储一个数据，因此不能直接使用 a=b 和 b=a 的方式对数据进行交换。

对于任何数据都可以采用“第三变量法”进行交换。所谓“第三变量法”即借助第三个变量实现数据交换。例如，对 a 和 b 进行数据交换，可采用以下语句：

```
t=a;
a=b;
b=t;
```

**练一练**

编程实现从键盘输入一个小写字母，输出相应的大写字母。

```
#include "stdio.h"
main()
{
    char   ch;
printf("Enter a minuscule:");
    ch=getchar();
    ch=ch-32;                 //相应的大小写字母 ASCII 码相差 32
    putchar(ch);
}
```

思考：如何用 scanf()函数和 printf()函数实现上述功能？

# 5.5　模拟交通灯控制系统设计

交通灯由红灯、绿灯、黄灯组成。红灯表示禁止通行，绿灯表示准许通行，黄灯表示警示，通常采用自动控制的方式，使三盏灯按一定次序和一定时间间隔轮流点亮，从而实现控制交通流量的目的。

**【案例导入】** 交通灯有定时控制、按键控制、感应控制、自适应控制等多种控制方式，根据之前学过的知识，可以用延时函数 delay()实现交通灯定时控制的效果，那么，如何用 Arduino 开发板来模拟控制交通灯呢？

## 5.5.1　硬件电路设计

参考上一章点亮一个 LED 的硬件电路设计，在 Arduino 开发板的 4 号、7 号、10 号引脚上连接 3 个 LED，通过程序控制 3 个 LED 依次亮灭。

所需硬件如下：

- Arduino UNO（1 块）。
- 面包板（1 块）。
- 220Ω电阻（3 个）。
- LED（3 个）。
- 面包板导线（若干）。

相关原理图和连线图如图 2-5-8 和图 2-5-9 所示。

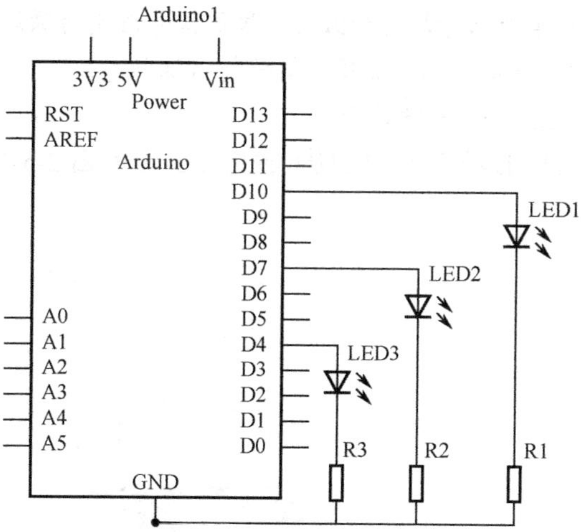


图 2-5-8　模拟交通灯简易电路原理图

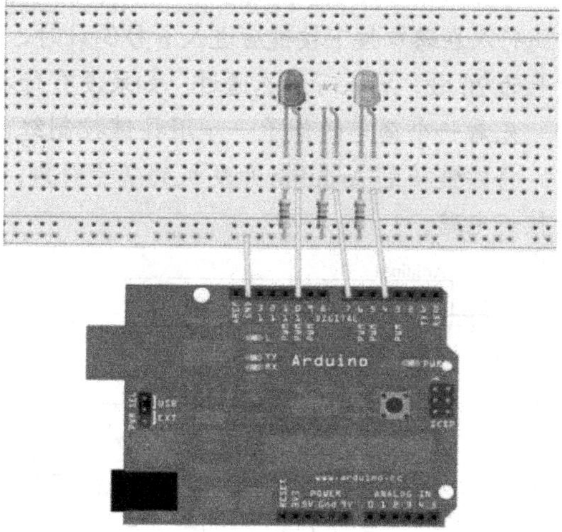


图 2-5-9　模拟交通灯简易电路连线图

## 5.5.2　程序设计

程序代码如下：

```
int redled =10;                    //定义 10 号引脚
int yellowled =7;                  //定义 7 号引脚
int greenled =4;                   //定义 4 号引脚
void setup()
{
pinMode(redled, OUTPUT);           //定义红色 LED 接口为输出接口
pinMode(yellowled, OUTPUT);        //定义黄色 LED 接口为输出接口
pinMode(greenled, OUTPUT);         //定义绿色 LED 接口为输出接口
}
void loop()
{
digitalWrite(redled, HIGH);        //点亮红色 LED
delay(1000);//延时 1 秒
digitalWrite(redled, LOW);         //熄灭红色 LED
digitalWrite(yellowled, HIGH);     //点亮黄色 LED
delay(200);//延时 0.2 秒
digitalWrite(yellowled, LOW);      //熄灭黄色 LED
digitalWrite(greenled, HIGH);      //点亮绿色 LED
delay(1000);//延时 1 秒
digitalWrite(greenled, LOW);       //熄灭绿色 LED
}
```

思考：如果用 12 个 LED 模拟十字路口四个方向交通灯的运行情况，电路应如何设计？程序应如何编写？

### 练一练

完成行人请求式过街信号灯系统设计。

为防止信号灯频繁变化影响正常道路交通秩序，在部分路口设置有行人请求式过街信号灯，过街行人在路口按下按键后进入 6 秒倒计时，随后车流信号灯变为红灯，过街信号灯变为绿灯，时长为 20 秒，行人可迅速通过。如果没有行人按压按键，则车流信号灯保持常绿状态。

先看一个简单的例子——用按键控制红色 LED 亮起一段时间。

将按键接到 Arduino 开发板的 7 号引脚，红色 LED 接到 11 号引脚，按图 2-5-10 和图 2-5-11 连接好电路。

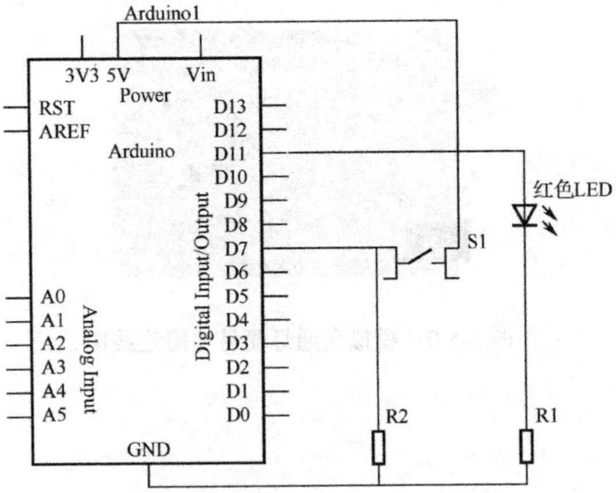


图 2-5-10　按键控制 LED 原理图

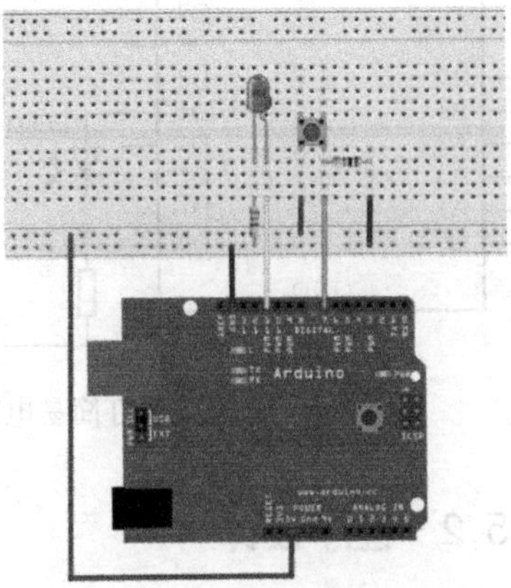

图 2-5-11　按键控制 LED 连线图

程序代码如下：

```
int ledpin=11;                      //定义 11 号引脚
int inpin=7;                        //定义 7 号引脚
int val;                            //定义变量 val
void setup()
{
pinMode(ledpin,OUTPUT);             //定义 LED 接口为输出接口
pinMode(inpin,INPUT);               //定义按键接口为输入接口
}
void loop()
{
val=digitalRead(inpin);             //读取 7 号引脚电平值赋给 val
if(val==LOW)                        //检测按键是否被按下，按键被按下时 LED 亮起
    {digitalWrite(ledpin,LOW);
delay(2000);}                       //持续亮 2 秒
else
digitalWrite(ledpin,HIGH);
}
```

思考：如何实现用一个按键控制两盏灯的亮灭呢？即按键被按下时车流信号灯变为红灯，过街信号灯变为绿灯。

## 拓　展

Arduino 程序架构大体可分为 3 个部分。

（1）声明变量及接口。

（2）setup()函数。Arduino 程序运行时首先要调用 setup()函数，用于初始化变量、设置引脚的输入/输出模式、配置串口、引入类库文件等。每次 Arduino 开发板通电或重启后，setup()函数只运行一次。

（3）loop()函数。在 setup()函数中初始化和定义变量后执行 loop()函数。顾名思义，该函数在程序运行过程中不断地循环，根据反馈改变执行情况。可通过该函数动态控制 Arduino 开发板。

Arduino 标准函数库见表 2-5-7。

表 2-5-7　Arduino 标准函数库

| 库 文 件 名 | 说　　明 |
|---|---|
| EEPROM | 读/写函数库 |
| Ethernet | 以太网控制器函数库 |
| LiquidCrystal | LCD 控制函数库 |
| Servo | 舵机控制函数库 |
| SoftwareSerial | 数字 I/O 口模拟串口函数库 |
| Stepper | 步进电机控制函数库 |

续表

| 库文件名 | 说　明 |
| --- | --- |
| Matrix | LED 矩阵控制函数库 |
| Sprite | LED 矩阵图像处理控制函数库 |
| Wire | TWI/I2C 总线函数库 |

在标准函数库中，有些函数会经常用到，如数字 I/O 口输入/输出模式定义函数 pinMode (pin,mode)、延时函数 delay(ms)、串口定义波特率函数 Serial.begin(speed)和串口输出数据函数 Serial.print(data)。了解和掌握这些常用函数可以帮助开发人员使用 Arduino 实现各种各样的功能。

# 第 6 章　制作小夜灯

计算机除了进行算术运算，还可以进行逻辑判断。计算机可以通过判断是否满足所给定的条件来执行相应的操作，或者从给定的多种操作中选择其一。这种程序结构称为选择结构，相应的语句称为选择语句。C 语言提供的选择语句主要有 if 语句和 switch 语句。

## 6.1　选择语句

### 6.1.1　基本 if 语句

if 语句是最常用的选择语句，它根据表达式的值来判断是否执行后面的内嵌语句。if 语句有单分支、双分支、嵌套、多分支四种选择结构。基本 if 语句的格式如下：

```
if(表达式)
{
    语句 1;
    语句 2;
    …
    语句 n;
}
```

基本 if 语句的执行过程如图 2-6-1 所示。

（1）首先对 if 后面括号里的表达式进行判断。

（2）如果表达式的值为真或者非 0，则执行表达式后面的语句 1 至语句 n。

（3）如果表达式的值为假或者 0，则跳过 if 语句执行下一条语句。

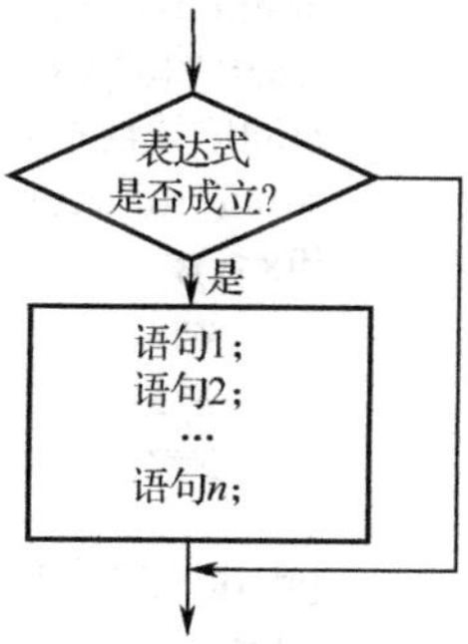


图 2-6-1　基本 if 语句的执行过程

**小贴士**

（1）“if(表达式)”后面没有分号。

（2）if 语句中的表达式可以是关系表达式、逻辑表达式或数值表达式。

（3）如果大括号中只有一条语句，那么大括号可以省略，本书建议不要省略大括号。

**【例 6-1-1】** 打开 C 语言编译器，输入下列代码。

```
#include<stdio.h>
int main()
{
```

```
    int score;
    printf("请输入你的成绩：");
    scanf("%d",&score);
    if(score>=90){
    printf("你又一次挑战成功，奖励你碗红烧肉！\n");}
    return 0;
}
```

程序运行结果如图 2-6-2 所示。

```
请输入你的成绩：95
你又一次挑战成功，奖励你碗红烧肉！
```

图 2-6-2　例 6-1-1 程序运行结果

解析：在本例中输入成绩 95，表达式成立，所以执行 if 中的语句。如果输入成绩 70，表达式不成立，则不会执行 if 中的语句，而是直接执行 return 语句。

**【例 6-1-2】** 从键盘输入两个整数，按照由大到小的顺序输出这两个数。

解题思路：这是一个简单的单分支结构，对于输入的两个数 x 和 y，如果 x>=y 就输出 x、y；如果 x<y，则要将 x 和 y 的值互换，然后输出 x、y。怎么将 x 和 y 的值互换呢？不能直接互相赋值，因为这样做会将 y 的值赋给 x，使 x 和 y 的值相等，而 x 原来的值就被覆盖了。

我们可以参考果汁互换的例子来交换两个数值，假设我们有一杯苹果汁和一杯芒果汁，怎么给两种果汁换下杯子呢？我们需要一只空杯子，将苹果汁倒入空杯子，再将芒果汁倒入原来苹果汁的杯子中，最后将苹果汁倒入原来芒果汁的杯子中。数值交换与此同理，本示例代码如下。

```
#include<stdio.h>
int main(){
    int x,y,z;
    printf("请输入第一个整数：");
    scanf("%d",&x);
    printf("请输入第二个整数：");
    scanf("%d",&y);
    if(x<y){
        z=x;
        x=y;
        y=z;
    }
    printf("你输入的两个数从大到小的顺序为：%d,%d",x,y);
    return 0;}
```

程序运行结果如图 2-6-3 所示。

```
请输入第一个整数：7
请输入第二个整数：9
你输入的两个数从大到小的顺序为：9,7
```

图 2-6-3　例 6-1-2 程序运行结果

**【例 6-1-3】** 输入三个数 a、b、c，要求按由小到大的顺序输出这三个数。

解题思路：输入的三个数从小到大输出需要进行三次并列判断，第一次判断后要使 a<=b，

第二次判断后要使 a<=c，第三次判断后要使 b<=c，最终使 a、b、c 以从小到大的顺序排列。本示例代码如下。

```
#include<stdio.h>
int main(){
    int a,b,c,t;
    printf("请输入 a 的值：");
    scanf("%d",&a);
    printf("请输入 b 的值：");
    scanf("%d",&b);
    printf("请输入 c 的值：");
    scanf("%d",&c);
    if(a>b){
        t=a;
        a=b;
        b=t;}
    if(a>c){
        t=a;
        a=c;
        c=t;}
    if(b>c){
        t=b;
        b=c;
        c=t;}
printf("您输入的三个数从小到大排列结果是：%d,%d,%d",a,b,c);
return 0;}
```

程序运行结果如图 2-6-4 所示。

```
请输入a的值：9
请输入b的值：0
请输入c的值：7
您输入的三个数从小到大排列结果是：0,7,9
```

图 2-6-4 例 6-1-3 程序运行结果

解析：当 a 的值为 9，b 的值为 0 时，第一次判断为真，之后 a 为 0，b 为 9；第二次判断时因为 a<c，不执行之后的语句；当 b 的值为 9，c 的值为 7 时，第三次判断为真，执行语句后 b 为 7，c 为 9，所以结果就是“0,7,9”。

**练一练**

输入一个字符，判断它是否为大写字母，若是则将其转换成小写字母，若不是则不转换，然后输出最后得到的字符。

### 6.1.2 if-else 语句

基本 if 语句是单分支选择结构，if-else 语句是双分支选择结构。在双分支选择结构中，if 语句对表达式进行判断，当表达式的值为真时执行 if 后面的语句 1 至语句 n，为假则执行 else 后面的语句 1 至语句 n，格式如下：

```
if(表达式){
      语句 1;
      语句 2;
      …
      语句 n;}
else{
      语句 1;
      语句 2;
      …
      语句 n;}
```

**小贴士**

（1）在 if-else 语句中，如果 if 或 else 后面只有一条语句，那么可以省略大括号。

（2）在 C 语言中“==”是关系运算符，而“=”表示赋值，如 a=0 表示将 0 赋给 a，而 a==0 表示 a 的值是否为 0 的布尔运算。

**【例 6-1-4】**用键盘输入一个数字，如果输入的数字为 0，就显示“你好”，否则显示“hello”。

本示例代码如下：

```
#include<stdio.h>
int main(){
      int a;
      printf("请输入一个整数\n");
      scanf("%d",&a);
      if(a==0){
      printf("你好\n");}
else{
      printf("hello\n");}
return 0;}
```

程序运行结果如图 2-6-5 所示。

图 2-6-5　例 6-1-4 程序运行结果

**【例 6-1-5】**用键盘输入当前温度，如果大于或等于 30℃就提示开启空调，如果小于 30℃则提示不开启空调。

解题思路：这是典型的双分支选择结构，如果条件满足则执行某条语句，否则执行另外的语句。本示例代码如下。

```
#include<stdio.h>
int main(){
      int a;
      printf("请输入当前摄氏温度值：");
      scanf("%d",&a);
      if(a>=30){
            printf("天气太热了，空调已经为您开启！");
```

```
        }
        else{
            printf("天气微凉，为了绿色环保不需要开启空调！");
        }
        return 0; }
```

程序运行结果如图 2-6-6 所示。

```
请输入当前摄氏温度值：40
天气太热了，空调已经为您开启！
```

图 2-6-6 例 6-1-5 程序运行结果

解析：如果输入 40，因为 40 大于 30，就会开启空调；如果输入 20，因为 20 小于 30，就不会开启空调。

**【例 6-1-6】** 小明跟着妈妈去逛超市，总共花费 m 元，小明给了超市收银员 n 元，请问超市收银员需要给小明找多少零钱，请设计一个程序帮助小明。

解题思路：将小明花费的金额 m 以及小明支付的金额 n 作为键盘输入值，计算 n−m，如果结果大于或等于 0 就要找零，如果结果小于 0 就要提示小明支付的钱不够。示例代码如下。

```
#include<stdio.h>
int main(){
    double m=0,n=0,change=0;
    printf("小明请输入你超市花费了多少钱：\n");
    scanf("%lf",&m);
    printf("小明请输入你给收银员了多少钱：\n");
    scanf("%lf",&n);
    change=n-m;
    if (change>=0){
        printf("你会得到%9.2lf 元的找零\n",change);}
    else{
        printf("你给的钱不够,你需要再支付给收银员%9.2lf 元\n",-change);}
    return 0;}
```

程序运行结果如图 2-6-7 所示。

```
小明请输入你超市花费了多少钱：
60
小明请输入你给收银员了多少钱：
100
你会得到      40.00元的找零
```

图 2-6-7 例 6-1-6 程序运行结果

解析：我们在现实生活中使用的钱币最小到分，所以本例中保留 2 位小数，数字采用双精度类型。%9.2lf 表示输出双精度类型数字，该数字一共占 9 位（包括小数点），保留 2 位小数。

## 拓 展

通过键盘输入两个数 a 和 b，输出两个数中较大的数。程序如下：

```
#include<stdio.h>
int main(){
int a,b,max;
printf("请输入第一个整数\n");
scanf("%d",&a);
printf("请输入第二个整数\n");
scanf("%d",&b);
if(a>b){
        max=a;}
else{
max=b;}
printf("两个数中较大的数为：%d",max);
return 0;}
```

能不能用条件表达式将上述程序简化一下呢？简化后的程序如下：

```
#include<stdio.h>
int main(){
int a,b,max;
printf("请输入第一个整数\n");
scanf("%d",&a);
printf("请输入第二个整数\n");
scanf("%d",&b);
max=(a>b)?a:b;
printf("两个数中较大的数为：%d",max);
return 0;}
```

下面的语句和语句 max=(a>b)?a:b;等效。

```
if(a>b){
    max=a;}
else{
max=b;}
```

条件表达式的一般形式如下：

```
表达式 1?表达式 2:表达式 3
```

如果表达式 1 成立就执行表达式 2，否则执行表达式 3。

**练一练**

请编写一个程序，从键盘输入一个整数，判断该数是否为偶数。

### 6.1.3 嵌套 if 语句

如果程序的逻辑判断关系比较复杂，可以采用嵌套 if 语句，即在 if 语句中又包含一个或多个 if 语句，其一般形式如下：

```
if(表达式){
    if(表达式){
        语句块}          ├ 内嵌 if 语句
    elsc{
        语句块}
}
else{
    if(表达式){
        语句块}          ├ 内嵌 if 语句
    else{
        语句块}
}
```

**【例 6-1-7】** 有一个函数 $y=\begin{cases}-2, & x<0 \\ 0, & x=0 \\ 2, & x>0\end{cases}$，要求编写一个程序，输入一个自变量整数 $x$，程序输出一个因变量 $y$。

解题思路：if-else 语句是双分支结构，而本示例中自变量有三种取值情况，因此需要在 if 或者 else 语句中内嵌一个 if 语句。本示例用 if 语句中内嵌一个 if 语句的方式编写程序。示例代码如下。

```
#include<stdio.h>
int main(){
int x,y;
printf("请输入一个变量值\n");
scanf("%d",&x);
if(x>=0){
    if(x>0){
        y=2;}
    else{
        y=0;}}
else{
y=-2;}
printf("你得到的函数值为 y=%d\n",y);
return 0;}
```

程序运行结果如图 2-6-8 所示。

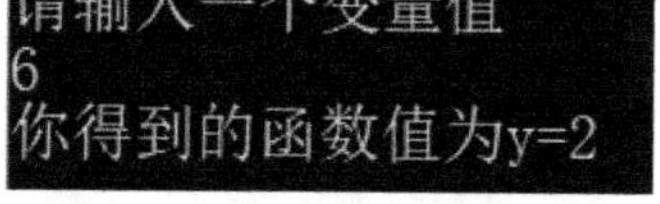


图 2-6-8　例 6-1-7 程序运行结果

**【例 6-1-8】** 在一个房间中如果传感器采集到的温度大于或等于 30℃，并且房间内有人，则提示空调打开，否则提示空调关闭。注意：在程序中输入 0 表示无人，输入其他数字表示有人，采集的温度为人工模拟输入温度。

解题思路：采用嵌套 if 语句来编写程序。示例代码如下。

```
#include<stdio.h>
int main(){
    int t,p;
    printf("请输入当前温度：");
    scanf("%d",&t);
    printf("当前有人输入非零整数，无人请输入 0：");
    scanf("%d",&p);
    if(t>=30){
        if(p!=0){
            printf("空调已经为您打开！"); }
    }
    else{
        printf("空调已经关闭");    }
    return 0;}
```

程序运行结果如图 2-6-9 所示。

```
请输入当前温度：34
当前有人输入非零整数，无人请输入0：1
空调已经为您打开！
```

图 2-6-9　例 6-1-8 程序运行结果

解析：本示例结果中当前温度值为 34，且房间内有人，两个条件都满足，所以执行打开空调操作。

## 拓　展

图 2-6-10 和图 2-6-11 中的两个程序功能相同，都是实现对输入的三个数进行升序排列。在编写程序时应尽量实现单出口，以便后续程序调用其中的变量。

```
#include<stdio.h>
int main(){
int a,b,c;
printf("请输入a的值：");
scanf("%d",&a);
printf("请输入b的值：");
scanf("%d",&b);
printf("请输入c的值：");
scanf("%d",&c);
if(a>b){
if(a>c){

if(c>b){printf("您输入的三个数从小到大排列结果是：%d,%d,%d",b,c,a);}
else{printf("您输入的三个数从小到大排列结果是：%d,%d,%d",c,b,a);}
}
else{printf("您输入的三个数从小到大排列结果是：%d,%d,%d",b,a,c);}
}
else{
if(a>c){printf("您输入的三个数从小到大排列结果是：%d,%d,%d",c,a,b);}
else{
if(b>c){
printf("您输入的三个数从小到大排列结果是：%d,%d,%d",a,c,b);}
else{printf("您输入的三个数从小到大排列结果是：%d,%d,%d",a,b,c);}
}
}
return 0;}
```

图 2-6-10　用嵌套语句编写的程序

```
#include<stdio.h>
int main(){
int a,b,c,t;
printf("请输入a的值：");
scanf("%d",&a);
printf("请输入b的值：");
scanf("%d",&b);
printf("请输入c的值：");
scanf("%d",&c);
if(a>b){
t=a;
a=b;
b=t;}
if(a>c){
t=a;
a=c;
c=t;}
if(b>c){
t=b;
b=c;
c=t;}
printf("您输入的三个数从小到大排列结果是：%d,%d,%d",a,b,c);
return 0;}
```

图 2-6-11　单出口程序

**小贴士**

在嵌套 if 语句中，每个 else 与离它最近且没有其他 else 与之对应的 if 相配对，如果 if 与 else 的数目不一样，可以加大括号来确定配对关系。建议在 if 或 else 后面使用大括号，即使只有一条语句。

**练一练**

从键盘输入两个数 a 和 b，编写一个程序判断 a 与 b 的关系（大于、小于、等于）。

### 6.1.4　if-else-if 语句

采用嵌套 if 语句是为了实现多分支选择，但程序结构不够清晰，所以一般情况下较少使用 if 语句的嵌套结构，而使用 if-else-if 语句来实现多分支选择。

**【例 6-1-9】** 有一个函数 $y=\begin{cases}-2, & x<0\\ 0, & x=0\\ 2, & x>0\end{cases}$，要求编写一个程序，输入一个自变量整数 $x$，程序输出一个因变量 $y$。

解题思路：本示例使用 if-else-if 语句来编写程序，示例代码如下。

```
#include<stdio.h>
int main(){
    int x,y;
    printf("请输入一个整数型自变量值：");
    scanf("%d",&x);
    if(x<0)
        y=-2;
    else if(x==0)
        y=0;
    else
```

```
        y=2;
    printf("你得到的函数值为 y=%d\n",y);
    return 0;}
```

程序运行结果如图 2-6-12 所示。

```
请输入一个整数型自变量值：7
你得到的函数值为y=2
```

图 2-6-12　例 6-1-9 程序运行结果

解析：本示例也可以用 if 嵌套结构编写程序，读者可以自己尝试一下。使用 if-else-if 语句编写的程序更加直观且便于理解。

**【例 6-1-10】**根据温度判断天气舒适度。

解题思路：本示例要求根据不同温度来提示不同信息，有四种情况需要判断，可以使用 if-else-if 语句。示例代码如下。

```
#include<stdio.h>
int main(){
    int tem;
    printf("请输入你的当前温度：");
    scanf("%d",&tem);
    if(tem>=30)
        printf("今天天气好热，你需要打开空调！");
    else if(tem>=20)
        printf("今天气温很舒适，你可以打开窗远眺一下！");
    else if(tem>=10)
        printf("今天气温有点冷，记得多穿衣服哦！");
    else
        printf("今天很冷，还是暖气房舒服！");
    return 0;}
```

程序运行结果如图 2-6-13 所示。

```
请输入你的当前温度：25
今天气温很舒适，你可以打开窗远眺一下！
```

图 2-6-13　例 6-1-10 程序运行结果

解析：在图 2-6-13 中输入的当前温度值为 25，它在 20 与 30 之间，tem>=30 不成立，而 tem>=20 成立，所以执行语句“printf("今天气温很舒适，你可以打开窗远眺一下！");”。

## 拓　展

if-else-if 语句解决了 if 嵌套语句中代码编排的问题和多出口问题。为了保证程序结构清晰，通常提倡将程序写成锯齿形式，复杂的 if 嵌套语句会导致代码往右缩进严重，不便于屏幕显示，而级联 if 语句可以让代码更好地适应屏幕要求，让程序更便于阅读。

if-else-if 的级联 if 语句和并列 if 语句的结果不同。如图 2-6-14 和图 2-6-15 所示，这两个程序的运行结果不一样。两个程序的不同之处就是图 2-6-15 所示程序把第二次和第三次的 if 判断换成了 else-if 判断。这两个程序都没有编译错误，但是图 2-6-14 所示程序能正确输出排列结果，而图 2-6-15 所示程序输出结果如图 2-6-16 所示，这是因为它的第二次判断是在第一次判断的基础上进行的，第二次判断的条件是 a<=b 且 a>c，执行完此次判断后 a<=b 且 a<=c，第三次判断是在 a<=b 且 a<=c 的基础上比较 b 和 c 的大小，执行完结果是 a<=b、a<=c 且 b<=c，但是这个程序对 a>b 这种情况没有进行判断，所以会出现图 2-6-16 所示的情况，即只比较了 a 和 b 的大小。

```
#include<stdio.h>
int main(){
int a,b,c,t;
printf("请输入a的值：");
scanf("%d",&a);
printf("请输入b的值：");
scanf("%d",&b);
printf("请输入c的值：");
scanf("%d",&c);
if(a>b){
t=a;
a=b;
b=t;}
if(a>c){
t=a;
a=c;
c=t;}
if(b>c){
t=b;
b=c;
c=t;}
printf("您输入的三个数从小到大排列结果是：%d,%d,%d",a,b,c);
return 0;}
```

图 2-6-14　程序一

```
#include<stdio.h>
int main(){
int a,b,c,t;
printf("请输入a的值：");
scanf("%d",&a);
printf("请输入b的值：");
scanf("%d",&b);
printf("请输入c的值：");
scanf("%d",&c);
if(a>b){
t=a;
a=b;
b=t;}
else if(a>c){
t=a;
a=c;
c=t;}
else if(b>c){
t=b;
b=c;
c=t;}
printf("您输入的三个数从小到大排列结果是：%d,%d,%d",a,b,c);
return 0;}
```

图 2-6-15　程序二

```
请输入a的值：9
请输入b的值：5
请输入c的值：2
您输入的三个数从小到大排列结果是：5,9,2
```

图 2-6-16　程序二输出结果

**小贴士**

级联 if 语句中 else-if 中的 else 也是 if 语句的一部分，它与离它最近且没有其他 else 与之对应的 if 相配对。

**练一练**

编写一个程序实现从键盘输入一个整数，判断输入的整数是正整数、负整数还是零。

### 6.1.5 switch 语句

多分支选择结构使用 if-else-if 语句时，程序显得复杂冗长，可读性较差，所以 C 语言提供了另外一种用于多分支选择的语句——switch 语句，它能使程序变得简洁。switch 语句的一般形式如下：

```
switch(表达式){
      case 常量 1:语句 1;break;
      case 常量 2:语句 2;break;
      …
      case 常量 n:语句 n;break;
      default:语句 n+1;
}
```

switch 后面的表达式是选择条件，可以是单个变量，也可以是变量组合成的表达式，其最终的结果必须是一个整数。大括号内的所有内容是 switch 语句的主体，包含多个 case 分支，判断值必须是常量，case 分支根据判断值标识条件的入口。可以将 switch 语句看成一种基于计算的跳转，计算控制表达式的值后，程序会跳转到相匹配的 case 分支。在执行完分支中的最后一条语句后，如果后面没有 break，就会顺序执行下面的 case 分支，直至遇到 break，或者 switch 语句结束为止。

**【例 6-1-11】**根据输入的月份显示该月份对应的英文。

解题思路：一年有 12 个月，用户输入的值可能是 1～12 中的任何一个整数，也可能是其他数字，所以本示例属于多分支选择问题。如果用户输入月份之外的其他数字，则提示输入有误。示例代码如下。

```
#include<stdio.h>
int main(){
      int month;
      printf("请输入一个月份：");
      scanf("%d",&month);
      switch(month){
            case 12:
                  printf("12 月的英文为 December");
                  break;
            case 11:
                  printf("11 月的英文为 November");
                  break;
            case 10:
                  printf("10 月的英文为 October");
                  break;
            case 9:
                  printf("9 月的英文为 September");
                  break;
```

```
            case 8:
                printf("8 月的英文为 October");
                break;
            case 7:
                printf("7 月的英文为 July");
                break;
            case 6:
                printf("6 月的英文为 June");
                break;
            case 5:
                printf("5 月的英文为 May");
                break;
            case 4:
                printf("4 月的英文为 April");
                break;
            case 3:
                printf("3 月的英文为 March");
                break;
            case 2:
                printf("2 月的英文为 February");
                break;
            case 1:
                printf("1 月的英文为 January");
                break;
            default:
                printf("你输入的月份有误。");
                break;}
    return 0;}
```

程序运行结果如图 2-6-17 所示。

解析：示例结果中输入月份为 6，跳转到 case 6 执行下面的语句，遇到 break 跳出 switch 语句，执行 return 语句。

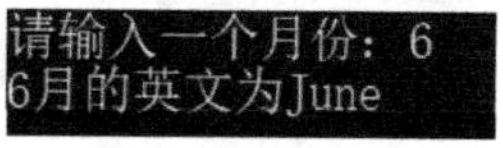


图 2-6-17　例 6-1-11 程序运行结果

**【例 6-1-12】**请编写程序，由键盘输入成绩的等级，该程序能够根据成绩的等级输出百分制分数段，A 等为 90 分以上，B 等为 80～89 分，C 等为 70～79 分，D 等为 60～69 分，E 等为 60 分以下。

解题思路：本示例为典型的多分支选择问题，这里使用 switch 语句编写程序，读者也可以尝试用嵌套 if 语句来处理。示例代码如下。

```
#include<stdio.h>
int main(){
    double score;
    printf("请输入分数：");
    scanf("%lf",&score);
    switch((int)(score/10)) {
        case 10:
        case 9:printf("该生等级为 A\n");break;
        case 8:printf("该生等级为 B\n");break;
        case 7:printf("该生等级为 C\n");break;
        case 6:printf("该生等级为 D\n");break;
        case 5:
```

```
        case 4:
        case 3:
        case 2:
        case 1:
        case 0:printf("该生等级为 E\n");break;
        default:printf("你确认输的是百分制成绩！\n");break; }
    return 0;}
```

程序运行结果如图 2-6-18 所示。

解析：本程序如果用嵌套 if 语句编写层次会比较多，导致程序冗长，可读性降低。

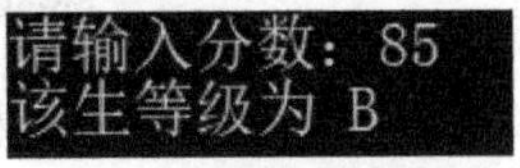


图 2-6-18　例 6-1-12 程序运行结果

**小贴士**

（1）switch 后面表达式的结果只能是整数。case 后面的常量可以是常数，也可以是常数计算的表达式。

（2）在每个 case 后面带一个 break 才能跳出 switch 选择结构，否则会执行下一条 case 语句。

**拓　展**

switch 语句的执行过程如下。

（1）首先计算“表达式”的值，假设为 a。

（2）从第一个 case 开始，比较“常量 1”和 a，如果“常量 1”和 a 不相等，就跳过冒号后面的“语句 1”，继续比较第二个 case、第三个 case 等。如果它们相等，就执行冒号后面的语句，一旦遇到 break，就跳出 switch 语句。假设 a 和“常量 5”相等，那么就会从“语句 5”一直执行到“语句 n+1”。

（3）如果直到“常量 n”都没有找到相等的数值，那么就执行 default 后的“语句 n+1”。

**练一练**

请用 switch 语句编写一个程序，根据用户输入的驾照类型，输出他可以驾驶的车辆类型。

## 6.2　相关案例介绍

### 6.2.1　用计算机指令控制 LED

本案例通过控制计算机输入的指令来控制 LED 的亮灭。

硬件清单如下：

（1）Arduino 开发板 1 块。

（2）发光二极管 1 个。

（3）限流电阻 1 个。

本案例的实物连接图如图 2-6-19 所示。

案例代码如下：

```
const byte LED = 9;
char val;
void setup() {
    pinMode(LED, OUTPUT);
    Serial.begin(9600);
    Serial.println("Ready");
}
void loop() {
    if (Serial.available()) {
        val = Serial.read();
        switch (val) {
            case '0':
                digitalWrite(LED, LOW);
            break;
            case '1':
            digitalWrite(LED, HIGH);
            break;
        }
    }
}
```

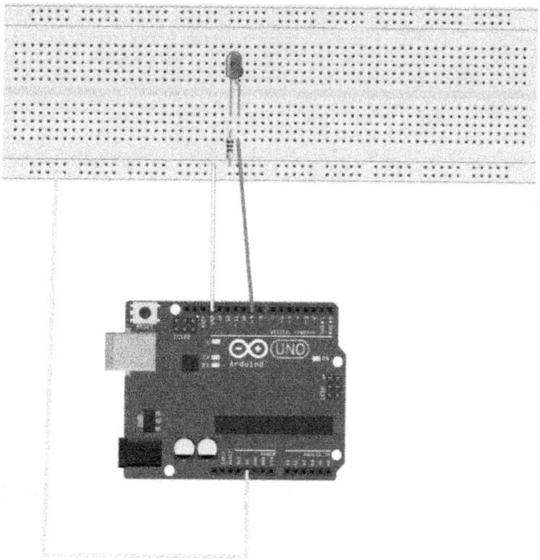

图 2-6-19　本案例的实物连接图

解析：本案例的原理图如图 2-6-20 所示，D9 输入高电平时 LED 亮，D9 输入低电平时 LED 灭。在对应的案例程序中，串口监视器输入 0 时 LED 灭，输入 1 时 LED 亮。

本案例实际效果如图 2-6-21 所示。

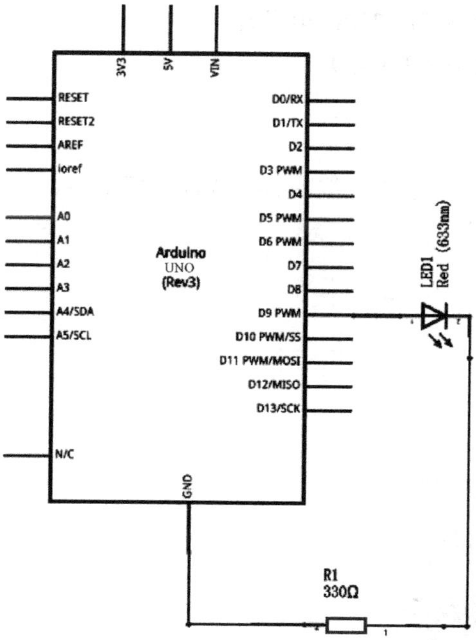


图 2-6-20　原理图

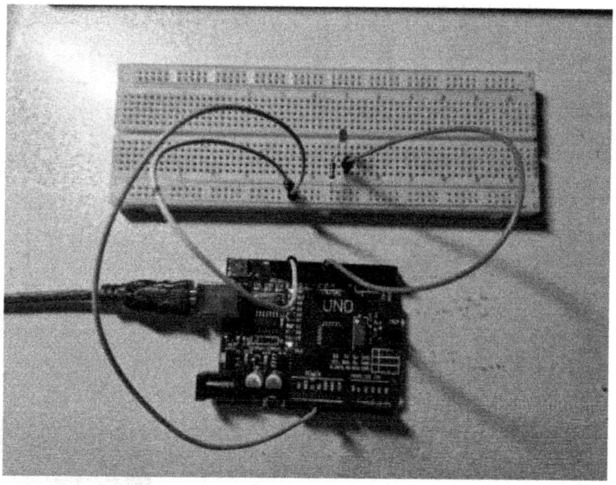

图 2-6-21　本案例实际效果

本案例中的串口输入如图 2-6-22 所示。

图 2-6-22　串口输入

### 6.2.2 用按键控制 LED

本案例用一个按键控制一个 LED，用选择语句编写程序。按键属于开关量（数字量）元件，按下时为闭合（导通）状态。本案例要用到的硬件清单如下：

（1）Arduino 开发板 1 块。

（2）按键 1 个。

（3）发光二极管 1 个。

（4）限流电阻 1 个（配合发光二极管使用，本案例使用 330Ω 电阻）。

（5）限流电阻 1 个（配合按键使用，本案例使用 10kΩ 电阻）。

（6）面包板 1 块。

（7）面包板导线若干。

将按键接到开发板 7 号引脚，LED 接到开发板 11 号引脚，按图 2-6-23 连接好电路。

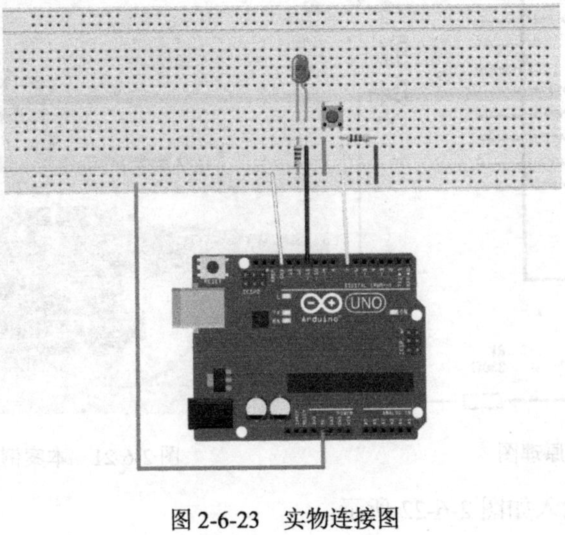


图 2-6-23　实物连接图

在编写程序前需要了解本案例的工作原理，原理图如图 2-6-24 所示。按下按键时 LED 亮起，根据前面学习的知识，相信读者很容易就能写出程序。本案例的程序中有一条条件语句，这里使用 if 语句。

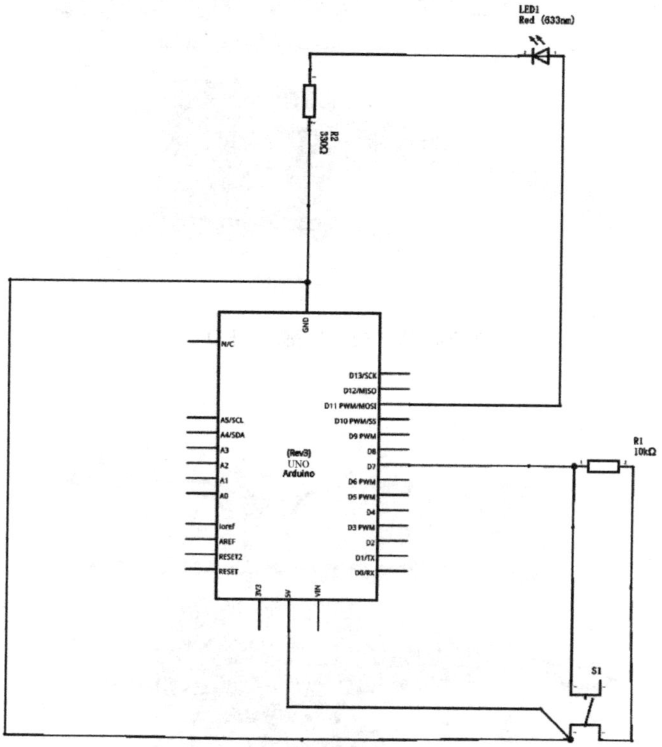


图 2-6-24　原理图

案例代码如下：

```
int ledpin=11;                          //定义 11 号引脚
int inpin=7;                            //定义 7 号引脚
int val;                                //定义变量 val
void setup(){
    pinMode(ledpin,OUTPUT);             //定义 LED 接口为输出接口
    pinMode(inpin,INPUT);               //定义按键接口为输入接口
    Serial.begin(9600);
}
void loop()
{
    val=digitalRead(inpin);             //读取 7 号引脚电平值赋给 val
    if(val==LOW)                        //检测按键是否被按下，按键被按下时 LED 亮
        { digitalWrite(ledpin,LOW);}
    else
        { digitalWrite(ledpin,HIGH);}
}
```

本案例的实际效果如图 2-6-25 和图 2-6-26 所示。

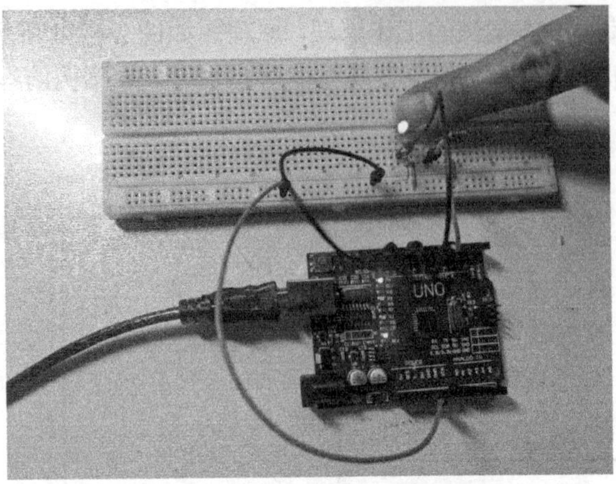

图 2-6-25　按下按键时 LED 亮

图 2-6-26　不按按键时 LED 灭

### 6.2.3 制作神奇小夜灯

本案例主要介绍如何利用 Arduino 开发板制作神奇小夜灯。这个小夜灯神奇在何处呢？它能自动感应光线，只有光线暗淡时才会亮起。本案例中用 LED 模拟小夜灯。如图 2-6-27 所示，光线充足时 LED 不亮。如图 2-6-28 所示，用笔帽对光敏电阻进行遮挡，模拟光线暗淡的情况，这时 LED 点亮。

本案例需要的硬件清单如下：

（1）Arduino 开发板 1 块。

（2）发光二极管 1 个。

（3）限流电阻 1 个（配合 LED 使用，本案例使用 330Ω电阻）。

（4）面包板 1 块。

（5）面包板导线若干。

（6）5528 光敏电阻 1 个。

（7）分压电阻 1 个（10kΩ，配合 5528 光敏电阻使用）。

图 2-6-27 光线充足时 LED 不亮

图 2-6-28 光线暗淡时 LED 点亮

本案例的实物连接图如图 2-6-29 所示。

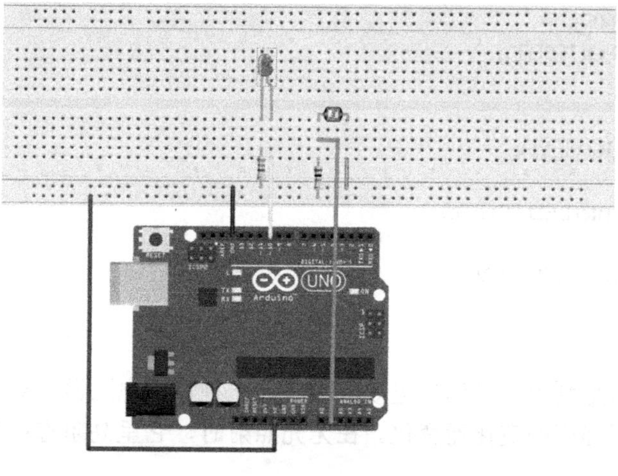


图 2-6-29 小夜灯实物连接图

本案例的电路原理图如图 2-6-30 所示。

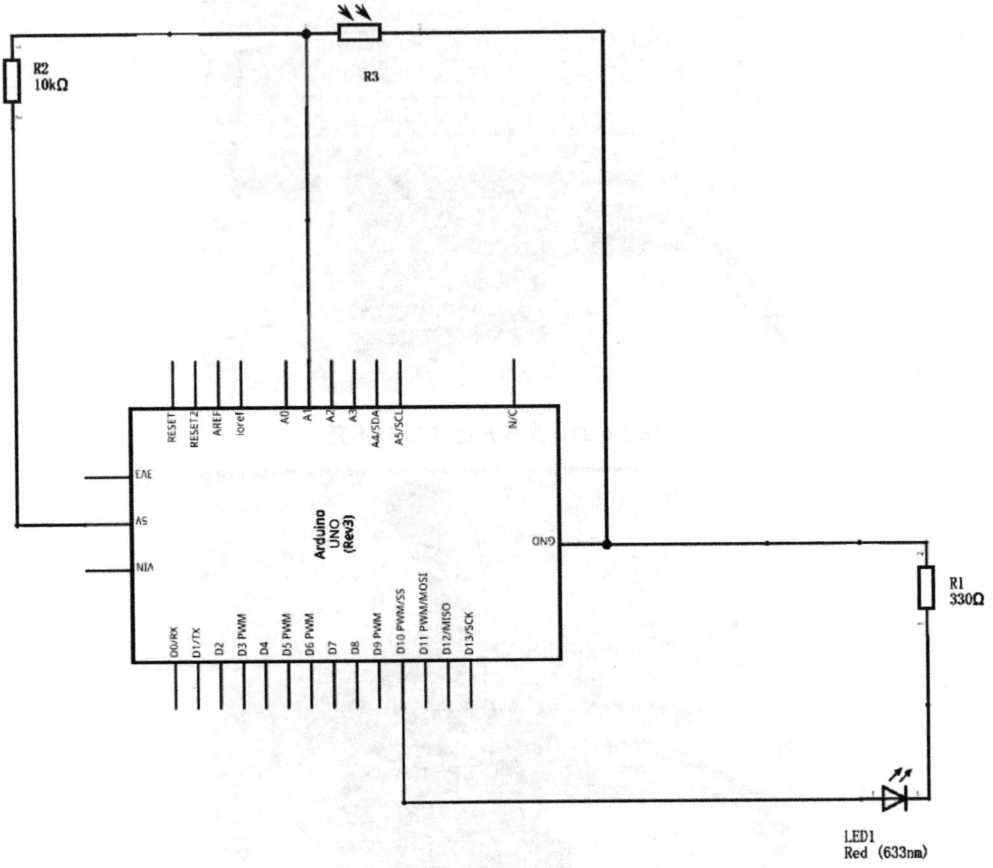


图 2-6-30　电路原理图

案例代码如下：

```
const byte LED=10;
void setup() {
    Serial.begin(9600);
    pinMode(LED,OUTPUT);
}
void loop() {
    int val=analogRead(A1);
    if(val>=630){
        digitalWrite(LED,HIGH);}
    else{
        digitalWrite(LED,LOW);
    }
}
```

解析：光敏电阻是利用半导体光电效应制成的一种特殊电阻器，对光线十分敏感，它的阻值能随着外界光照强度的变化而变化。在无光照射时，它呈高阻态；当有光照射时，其阻值迅速减小。

## 拓　展

串口通信属于异步串行通信，串行通信是将数据按位在一条传输线上依次传输，每一位为 1 或 0。在本章 Arduino 案例中使用 USB 线建立串口连接。

波特率是指一个设备在一秒钟内发送（或接收）了多少比特的数据，它反映了设备发送（或接收）数据的快慢。为了保证串行通信顺利进行，数据发送方发送数据的速率与数据接收方接收数据的速率要保持一致。

串口通信的常用函数如下：

（1）Serial.begin(speed)用于开启通信接口并设置波特率，比如 Serial.begin(9600)是指将通信接口波特率设置为 9600。speed 表示波特率，一般选择 9600。

（2）Serial.available(void)用于判断串口缓冲器是否有数据输入。

（3）Serial.read(void)用于读取串口数据。

（4）Serial.print(val)用于写入字符串数据到串口，val 表示要打印的数据。

（5）Serial.println(val)用于写入字符串数据+换行到串口，val 表示要打印的数据。

## 小贴士

（1）在本章的三个案例中，数字接口和模拟接口可以根据需要进行更改。

（2）案例中的按键有四个引脚，两两相通，安装时应注意方向问题。

# 第7章　制作跑马灯

在设计程序时，经常会遇到某一段代码需要被多次执行的情况。利用循环语句，就可以反复执行一段具有固定规律的程序，减少代码的编写量。本章将介绍循环语句的基础知识，并完成相关案例。

## 7.1　for 循环

for 循环的功能是，通过合理设置初始值、循环条件和步进，准确地指定循环次数，确保循环体被足量执行。一般情况下，for 循环的初始值、循环条件和步进都是集中编写的，以便阅读和计算其循环的次数。for 循环的执行流程如图 2-7-1 所示。

for 循环的格式如下：

```
for(设置初始值;循环条件;步进)
{
    循环体;
}
```

for 循环的入口是设置初始值语句，然后开始循环条件、循环体和步进语句的循环执行；循环条件通常是一个逻辑表达式，如果该表达式为真，则执行循环体和步进语句，为假则退出循环，执行 for 循环之后的程序；步进语句的主要作用是影响循环条件，确保在若干次循环之后能够退出循环；循环体是需要重复执行的程序。如果设置初始值之后，循环条件为假，则循环体和步进语句一次都不会执行，直接退出 for 循环。

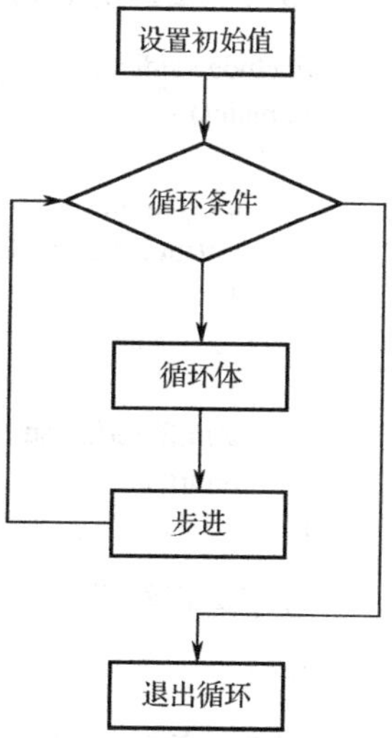

图 2-7-1　for 循环的执行流程

**【例 7-1-1】**使用 for 循环输出数字 1～5，每个数字占一行。

```
#include <stdio.h>
int main()
{
    for(int i=1;i<=5;i++)
    {
        printf("%d\n",i);
    }
    return 0;
}
```

程序运行结果：

```
1
2
3
4
5
```

解析：for 循环的具体执行过程如下。

（1）设置初始值“int i=1”，变量 i 保存数字 1。

（2）检查循环条件“i<=5”，结果为 true。

（3）执行循环体“printf("%d\n",i);”，输出变量 i 的值（也就是 1）并换行。

（4）执行步进语句“i++”，i 保存数字 2。

（5）再次检查循环条件，结果为 true，执行循环体，输出变量 i 的值（也就是 2）并换行，执行步进语句，i 保存数字 3。

（6）循环执行上一步操作，当执行步进语句后 i 保存数字 6 时，检查循环条件，结果为 false，退出循环，执行“return 0;”。

**【例 7-1-2】**使用 for 循环计算 1+2+3+…+100 的结果。

```
#include <stdio.h>
int main()
{
	int sum=0;
	for(int i=1;i<=100;i++)
	{
		sum+=i;
	}
	printf("%d\n",sum);
	return 0;
}
```

程序运行结果：

```
5050
```

解析：整型变量 i 的初始值为 1，结束值为 100，步进语句为自增 1，循环 100 次，每次循环时在变量 sum 中累加 i 值，也就是从 1 一直加到 100，最终计算出题目要求的结果。

**小贴士**

（1）在 for 循环中，设置初始值、循环条件和步进语句三段代码之间用“;”隔开。

（2）循环体中如果有多行语句，要用“{}”括起来，每一行都以“;”结尾；如果只有一行语句，可以省略“{}”，但是仍然要以“;”结尾。在 while 循环和 do-while 循环中也有这样的要求。

（3）for 循环还有一种写法是“for(;;){循环体;}”，也就是没有设置初始值、循环条件和步进语句三段代码，但保留两个“;”，这会构成无限循环，如果循环体中没有 break 语句确保强制退出，会导致死循环，也就是计算机不停地计算，既无法得到希望的答案，又会拖累计算机整体的运行速度。

（4）一般情况下，如果变量 i 在 for 循环以外没有使用需求，则将其定义在 for 循环中，当 for 循环执行结束后，系统会自动释放变量 i 所占用的系统资源，还可以防止与其他位置出现的变量 i 产生冲突；同理，凡是在 for 循环中临时使用的变量，都应该定义在 for 循环中。

**练一练**

使用 for 循环计算一个数的阶乘，如 5!的结果是 240。

思考：如果存储结果的变量使用 int 类型，那么 17!的结果会变成一个负数，这是为什么？

## 7.2 while 循环

for 循环结构比较复杂，刚开始学习编程的读者可能会觉得它难以理解和使用。接下来给大家介绍 while 循环，while 循环的语法接近自然语言，简单易读，常用于循环条件比较复杂或者循环次数难以确定的循环程序。在 while 循环中只要循环条件为真，就一直循环执行循环体。while 循环的执行流程如图 2-7-2 所示。

while 循环的格式如下：

```
while(循环条件)
{
    循环体;
}
```

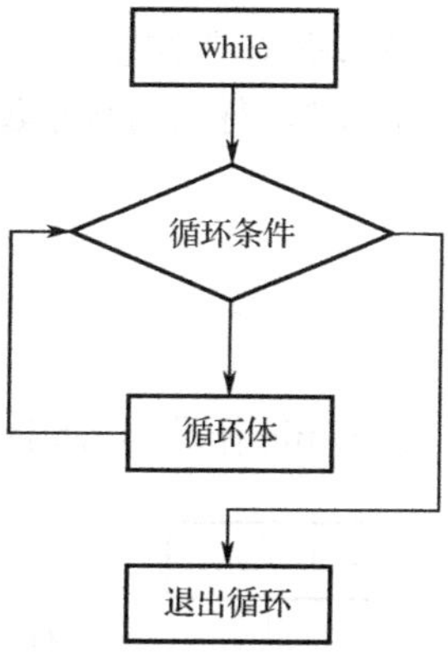


图 2-7-2 while 循环的执行流程

【例 7-2-1】使用 while 循环找出等比数列"1, 2, 4, 8, …"中大于 100 的最小数字。

```
#include <stdio.h>
int main()
{
    int i=1;
    while(i<=100)
    {
        i*=2;
    }
    printf("%d\n",i);
    return 0;
}
```

程序运行结果：

```
128
```

解析：变量 i 的初始值是 1，每次循环时自身乘以 2，直到结果超过 100 时结束，就能够找出等比数列中大于 100 的最小数字。本例中的总循环次数不太容易计算，所以使用 while 循环。变量 i 不能定义在 while 循环中，因为在 while 循环以外还要使用。

**小贴士**

（1）while 语句后没有“;”。

（2）while 循环的结构虽然简单，但是依然要在程序中设计好初始值、循环条件和步进语句，以确保 while 循环能够正常开始和结束。特别要注意避免死循环，很多初学者在编写循环体时，都会忘记编写类似步进的语句，导致循环条件始终为真。但是，在单片机编程中，经常会使用 while(1)无限循环，以控制程序持续运行，因为单片机一般在通电后要一直工作，直到断电。for(;;)虽然也是无限循环，但很少在单片机中使用。

**练一练**

编程验证“冰雹猜想”：输入任意一个正整数 x，如果是奇数就乘以 3 再加 1，如果是偶数就除以 2，得到的新整数继续进行以上计算，最终的结果一定是 1。

## 7.3 do-while 循环

do-while 循环与 while 循环有些相似，都是当循环条件为真时执行循环体，主要的区别在于 do-while 循环是先执行循环体后判断循环条件，当循环条件为真时，再次执行循环体，直到循环条件为假，这样能够确保循环体至少被执行一次；而 while 循环则是先判断循环条件后执行循环体，循环体有可能一次都不被执行。do-while 循环的执行流程如图 2-7-3 所示。

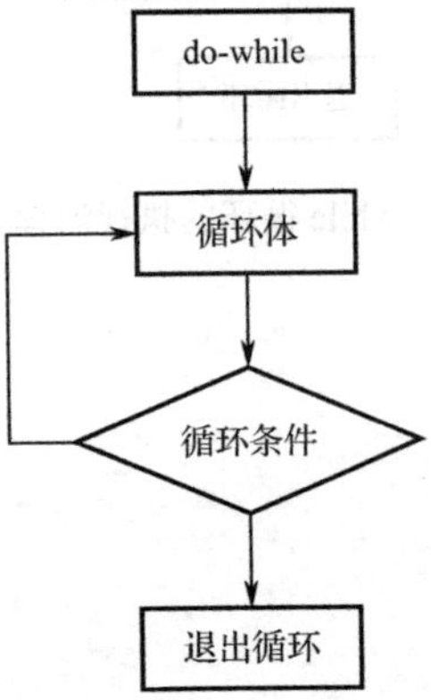


图 2-7-3 do-while 循环的执行流程

do-while 循环的格式如下：

```
do
{
    循环体;
}
while(循环条件);
```

【例 7-3-1】有一组数字，第一个数字和第二个数字都是 1，从第三个数字开始，每个数字是前两个数字之和，即 1, 1, 2, 3, 5, 8, …，求第 10 个数字是多少？

```
#include <stdio.h>
int main()
{
    int a1=1;
    int a2=1;
    int a3;
    int n=3;
    do
    {
        a3=a1+a2;
        a1=a2;
```

```
        a2=a3;
        n++;
    }
    while(n<=10);
    printf("%d\n",a3);
    return 0;
}
```

程序运行结果：

```
55
```

解析：变量 a1、a2、a3 分别代表第一、第二、第三个数，“a3=a1+a2;”表示第三个数是前两个数之和，“a1=a2;a2=a3;”则是将 a1 和 a2“向后移动一位”，依此类推，可以算出数列中所有的数字。

## 拓 展

以上程序也可以用 for 循环和 while 循环编写。

用 for 循环编写的程序如下：

```
#include <stdio.h>
int main()
{
    int a1=1;
    int a2=1;
    int a3=0;
    for(int n=3;n<=10;i++)
    {
        a3=a1+a2;
        a1=a2;
        a2=a3;
    }
    printf("%d\n",a3);
    return 0;
}
```

用 while 循环编写的程序如下：

```
#include <stdio.h>
int main()
{
    int a1=1;
    int a2=1;
    int a3=0;
    int n=3;
    while(n<=10)
    {
        a3=a1+a2;
        a1=a2;
        a2=a3;
        n++;
```

```
        }
        printf("%d\n",a3);
        return 0;
}
```

**练一练**

将一个大于 1 的整数分解质因数，如输入 12，输出 2*2*3。

## 7.4 循环嵌套

在循环语句内，可以嵌套条件语句和循环语句，从而实现更加多样的程序流程。在编写嵌套程序时，要确保格式规范，以便阅读和排除错误，特别要注意不能多写或少写大括号。

【例 7-4-1】计算 100 以内所有奇数的和：1+3+5+7+…+99。

```
#include <stdio.h>
int main()
{
        int sum=0;
        for(int i=1;i<=100;i++)
        {
                if(i%2!=0)
                {
                        sum+=i;
                }
        }
        printf("%d\n",sum);
        return 0;
}
```

程序运行结果：

```
2500
```

【例 7-4-2】使用“*”排列出一个边长为 6 的三角形。

```
#include <stdio.h>
int main()
{
        for(int i=1;i<=6;i++)
        {
                for(int j=1;j<=i;j++)
                {
                        printf("*");
                }
                printf("\n");
        }
        return 0;
}
```

程序运行结果：

```
*
**
***
****
*****
******
```

【例 7-4-3】使用“*”和空格排列出一个边长为 6 的倒三角形。

```
#include <stdio.h>
int main()
{
    for(int i=1;i<=6;i++)
    {
        for(int j=1;j<=6;j++)
        {
            if(j>=i) printf("*");
            else printf(" ");
        }
        printf("\n");
    }
    return 0;
}
```

程序运行结果：

```
******
 *****
  ****
   ***
    **
     *
```

**小贴士**

一般情况下，输出二维图形要使用两层循环嵌套，外层循环控制行数，内层循环控制列数。

**练一练**

使用循环嵌套，输入长和宽，输出一个边框为“*”、内部为空白的矩形。

## 7.5　break 语句

有时，循环语句执行到中间的某个阶段，就完成了计算任务，不需要继续执行，或者受到外部事件控制，强制结束循环计算。这个时候可以使用 break 语句结束当前的循环，执行循环语句后面的程序。

【例 7-5-1】判断输入的数字是不是素数。

```
#include <stdio.h>
int main()
{
	int x;
	printf("请输入一个大于 2 的整数：");
	scanf("%d",&x);
	char flag=1;
	for(int i=2;i<x;i++)
	{
		if(x%i==0)
		{
			flag=0;
			break;
		}
	}
	if(flag)
	{
		printf("%d 是素数。\n",x);
	}
	else
	{
		printf("%d 不是素数。\n",x);
	}
	return 0;
}
```

解析：素数是指在大于 1 的整数中，除 1 和它本身以外不再有其他因数的整数。所以，编写循环程序，让待检测的数字 x 依次除以 2, 3, …, x−1，检测能否整除（余数是否为 0），如果可以整除，表示存在其他因数，则说明数字 x 不是素数，并且可以提前结束循环。变量 flag 使用 char 类型，只占用 1 字节，比 int 类型更节约内存空间。

## 拓 展

以上程序存在一个缺陷：当用户输入的整数小于或等于 1 时，for 循环一次也没有执行，然后程序会输出是素数的结果，这明显与素数的定义不符。所以应当改进程序，当输入不合理的数字时，要输出警告信息，而不是贸然去计算，改进后的程序如下：

```
#include <stdio.h>
int main()
{
	int x;
	char flag=1;
	printf("请输入一个大于 2 的整数：");
	scanf("%d",&x);
	if(x<2)
	{
		printf("请输入一个大于 2 的整数。\n");
	}
```

```
    else
    {
        for(int i=2;i<x;i++)
        {
            if(x%i==0)
            {
                flag=0;
                break;
            }
        }
        if(flag) printf("%d 是素数。\n",x);
        else printf("%d 不是素数。\n",x);
    }
    return 0;
}
```

### 小贴士

一般情况下，设计的程序应当包含以下四个步骤：输入数据、检查数据、处理数据和输出数据。只有经过检查符合要求的数据才能够被处理，从而确保程序正常运行。这四个步骤如果能够形成顺序结构，程序的可读性就更高。对于上述程序，还可以使用“return 0;”语句提前结束 main()函数，改进后的程序如下：

```
#include <stdio.h>
int main()
{
    //输入数据
    int x;
    printf("请输入一个大于 2 的整数：");
    scanf("%d",&x);
    //检查数据
    if(x<2)
    {
        printf("请输入一个大于 2 的整数。\n");
        return 0;
    }
    //处理数据
    char flag=1;
    for(int i=2;i<x;i++)
    {
        if(x%i==0)
        {
            flag=0;
            break;
        }
    }
    //输出数据
    if(flag) printf("%d 是素数。\n",x);
    else printf("%d 不是素数。\n",x);
    return 0;
}
```

**练一练**

输入任意一个字符，输出其对应的ASCII码，按Esc键、再按Enter键后退出程序。

## 7.6 continue语句

有时，循环体执行到一半，就发现可以结束本次循环，开始下一次循环。这时就要使用continue语句。

【**例7-6-1**】在Arduino平台上，输出1～100范围内所有与“7”无关的数字。

```
void setup() {
  Serial.begin(9600);
  String x="";
  for (int i=1;i<=100;i++)
  {
    if(i%7==0) continue;
    if(String(i).indexOf("7")>=0) continue;     //String(i)将i所存储的数字转换成字符串
    x+=String(i)+",";
  }
  Serial.println(x);
}
```

解析：当数字是7的倍数（如14）或包含7（如17）时，会触发continue语句，不再执行之后的循环体程序，而是执行步进语句“i++”，开始下一次循环。

**小贴士**

（1）本例利用了Arduino内置的String对象及相关方法。String（变量）可以将任意一种变量内保存的数据转换为字符串，以便参与字符串相关的运算。通过strings.indexOf(key)方法可以方便地检索关键字key在字符串strings中出现的位置，如果在第一个字符位置出现，则返回0；如果在第二个字符位置出现，则返回1，依此类推。如果没有检索到，则返回-1。

（2）本例使用面向对象的编程方法，代码更加简洁，大幅提升了程序开发效率，这是目前主流的编程形式。

**练一练**

以上程序功能如果不用continue语句能否实现呢？

## 7.7 跑马灯的制作

跑马灯是指一组灯按一定的顺序轮流交替点亮。跑马灯简便易用、颜色丰富，在日常生活中有广泛的应用。

本案例要求利用Arduino开发板制作跑马灯，使发光二极管依次点亮再依次熄灭，如此循环往复。主要硬件有 Arduino 开发板 1 块、发光二极管 4 个、1kΩ 电阻 4 个、面包板 1 块，跑马灯接线图如图 2-7-4 所示。

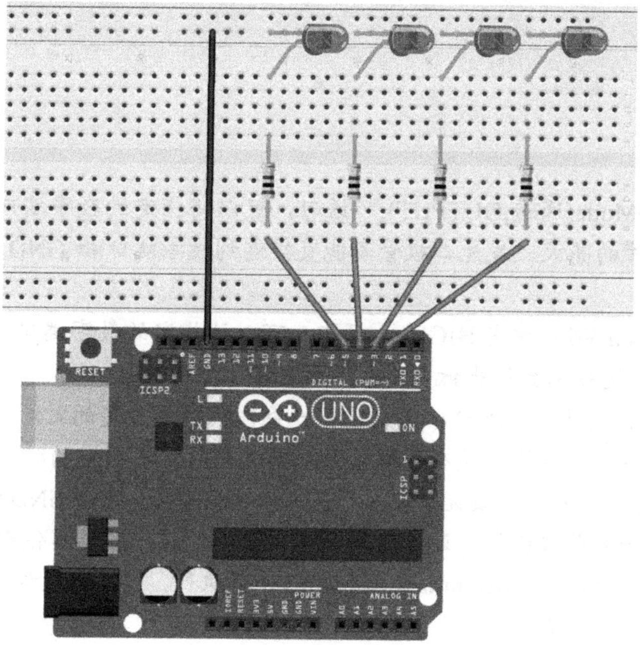

图 2-7-4　跑马灯接线图

代码如下：

```
const int led1 = 2;
const int led2 = 3;
const int led3 = 4;
const int led4 = 5;
void setup() {
  pinMode(led1,OUTPUT);
  pinMode(led2,OUTPUT);
  pinMode(led3,OUTPUT);
  pinMode(led4,OUTPUT);
  while(1)
  {
    digitalWrite(led1,HIGH);
    delay(500);
    digitalWrite(led2,HIGH);
    delay(500);
    digitalWrite(led3,HIGH);
    delay(500);
    digitalWrite(led4,HIGH);
    delay(500);
    digitalWrite(led1,LOW);
    delay(500);
    digitalWrite(led2,LOW);
    delay(500);
    digitalWrite(led3,LOW);
```

```
            delay(500);
            digitalWrite(led4,LOW);
            delay(500);
        }
    }
```

**小贴士**

（1）使用“pinMode(通道,OUTPUT);”语句，可以将指定的数字端口设置为输出模式，用以控制发光二极管的亮灭，发光二极管不能直接连到数字端口和 GND 之间，要串联 1 个 1kΩ 电阻限流。

（2）使用“digitalWrite(通道,HIGH);”语句，可以让指定的数字端口输出高电平，点亮发光二极管；“LOW”选项则会输出低电平，熄灭发光二极管。

（3）使用“delay(毫秒);”语句，可以让下一条代码推迟一定的时间后再运行。为了避免发光二极管亮灭切换速度过快，须在每次发生状态改变后延迟一定的时间。

（4）以上程序注意大小写；发光二极管的正负极不能接反；连接 GND 的线一般是黑色的，连接供电端口的线一般是红色的，连接输入、输出端口的线一般是其他颜色的。

（5）因为 loop()函数会被 Arduino 开发板无限循环执行，所以上述程序也可以写成以下形式，实现相同的跑马灯效果。

```
bool flag=0;
void setup() {
  for (int i = 2; i <= 5; i++)
  {
    pinMode(i, OUTPUT);
    digitalWrite(i, flag);
  }
}
void loop()
{
  flag=!flag;
  for (int i = 2; i <= 5; i++)
  {
    digitalWrite(i, flag);
    delay(500);
  }
}
```

## 7.8 模拟按键响应事件

编程实现以下功能：每按一次按键，在串口监视助手软件中输出的数字加 1。需要的硬件有 Arduino 开发板 1 块、按键 1 个、1kΩ 电阻 1 个和面包板 1 块，本案例电路图如图 2-7-5 所示。

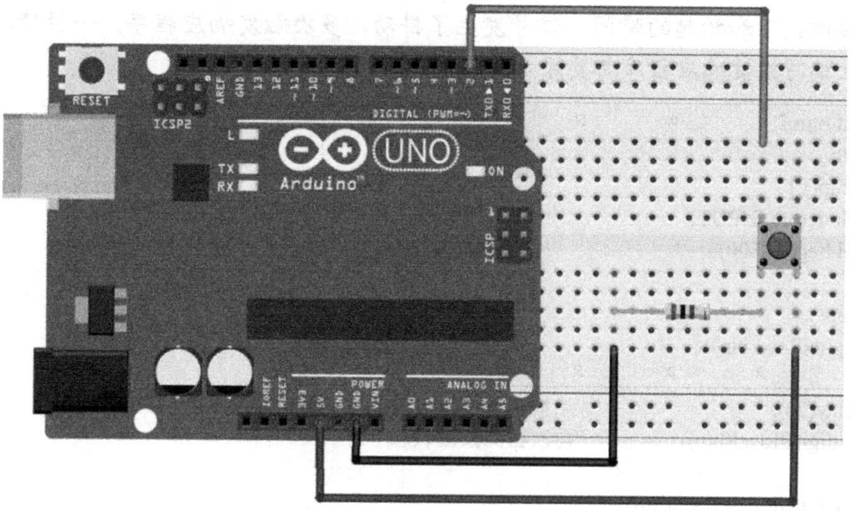


图 2-7-5 本案例电路图

代码如下：

```
const int btn=2;
int x=0;
void setup() {
  pinMode(btn,INPUT);
  Serial.begin(9600);
}
void loop() {
  if (digitalRead(btn))                    //当按下按键时触发
  {
    while (digitalRead(btn));              //等待按键抬起，循环体为空
    x++;
    Serial.println(x);
  }
}
```

**小贴士**

（1）使用“pinMode(通道,INPUT);”语句，可以将指定数字端口设置为输入模式，用以读取输入的电平状态。

（2）使用“digitalRead(通道)”语句读取端口上的电压，当电压大于或等于 3V 时返回 HIGH(1)，小于或等于 2V 时返回 LOW(0)。

（3）本案例通过一个下拉电阻将 2 号数字端口固定在低电平，当按下按键后，连接到 5V，读取到高电平。

**拓 展**

系统运行后，在某些情况下，按一次按键，会发现串口监视助手软件中输出了多个数字，原因是在按键按下和抬起的瞬间，信号发生了抖动，多次触发响应程序。一般情况下，在单片机平台上编写按键响应程序都要添加消抖代码，代码如下：

```
const int btn=2;
int x = 0;
void setup() {
  pinMode(btn,INPUT);
  Serial.begin(9600);
}
void loop() {
  if (digitalRead(btn))
  {
    delay(20);                    //当检测到按键被按下时，延时 20 毫秒，等待抖动消失
    if (digitalRead(btn))         //再次检测按键状态
    {
      while (digitalRead(btn));
      x++;
      Serial.println(x);
    }
  }
}
```

## 7.9 通过串口接收和发送大量数据

有时，Arduino 系统需要通过串口接收和发送大量数据，特别是与其他单片机通信的协议数据。以下是一个简单的大量数据收发程序：

```
void setup() {
  Serial.begin(9600);
}
void loop() {
  String x="";
  while(Serial.available())            //当串口缓冲区存在数据时触发
  {
    x+=char(Serial.read());            //把接收的编码转换为字符
    delay(2);                          //适当延时，确保完整接收数据
  }
  if(x.length()>0) Serial.println(x);  //从串口输出接收的数据
}
```

解析：串口每次只能接收一个字符，由于串口接收字符的速度低于 Arduino 微处理器处理的速度，程序每次从缓冲区读取到一个字符后，要适当延时，等待下一个字符接收完毕，才能再次读取缓冲区；如果没有延时，微处理器会误以为已经接收完毕，导致输出的数据出现分行。在串口监视助手软件中输入一段字符，单击“发送”按钮，会在下面的窗口中原样打印出来。运行效果如图 2-7-6 所示。

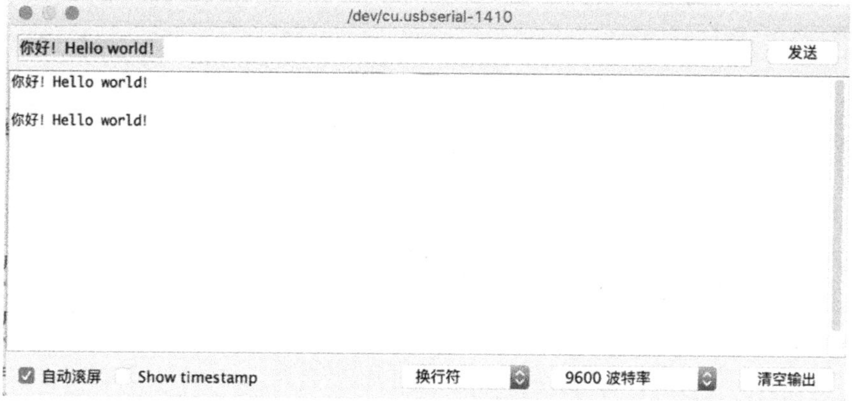


图 2-7-6　利用串口监视助手软件发送和接收字符

## 练一练

1. 利用 Arduino 平台，通过串口监视助手软件输入一个 0～15 范围内的数字，以二进制的形式在四个发光二极管上展示出来，其中亮表示 1，灭表示 0。

2. 利用 Arduino 平台，在串口监视助手软件中输出加法口诀表。

# 第8章　智能小车综合PWM控制

脉冲宽度调制（PWM）简称脉宽调制，是利用微处理器的数字输出来对模拟电路进行控制的一种非常有效的技术。简单地讲就是对输出的脉冲宽度进行控制。PWM 有 3 个参数，分别是频率、占空比、周期。

Arduino 开发板的 3 号、5 号、6 号、9 号、10 号、11 号引脚可以输出 PWM 信号，控制智能小车前进、后退、左转和右转。

要实现智能小车的前进、后退、左转、右转等相关功能，在编程时需要用到函数。本章将介绍函数的基础知识。

下面先来看一个现实生活中饭店点餐的案例。

**【案例导入】** 在一个饭店里面，顾客负责点菜，服务员负责把菜名报给后勤人员，后勤人员负责洗菜，洗好后把菜交给配菜师傅，配菜师傅切好菜后把菜交给厨师，厨师负责炒菜，最后由服务员把菜端给顾客。

在上面的案例中，服务员、后勤人员、配菜师傅、厨师分别负责各自指定的任务。

如果把上面的工作过程看成一段程序，那么服务员相当于主函数，整个工作过程从他开始。后勤人员、配菜师傅、厨师相当于三个不同的函数，他们执行各自的功能，互不影响。

那么函数有什么作用呢？

（1）在一段代码中，有功能相同的部分需要重复使用，只是中间所引用的数据不同。那么，可以将这部分代码写成一个函数，在需要使用的时候调用。

（2）方便代码的维护。当需要修改某个功能时，只需要修改对应部分的代码。

将上述案例中的洗菜、配菜、做菜分别写成函数，完成一个点单小程序，代码如下：

```
int main()                          //主函数
{
    int c;
    while(1)
    {
        printf("1.毛血旺\n2.鱼香肉丝\n3.辣子鸡丁\n");
        printf("------------------------\n");
        printf("请选择你想吃的菜\n");
        scanf("%d",&c);
        switch(c)
        {
        case 1:printf("毛血旺的制作\n");washing();ingredient();cooking();break;
        case 2:printf("鱼香肉丝的制作\n");washing();ingredient();cooking();break;
        case 3:printf("辣子鸡丁的制作\n");washing();ingredient();cooking();break;
        }
        printf("------------------------\n");
        printf("------------------------\n");
    }
```

```
        return 0;
    }
    void washing()                          //洗菜函数
    {
      printf("洗菜完成！\n");
    }
    void ingredient()                       //配菜函数
    {
          printf("配菜完成！\n");
    }
    void cooking()                          //做菜函数
    {
          printf("做菜完成！\n");
    }
```

程序运行结果如图 2-8-1 所示。

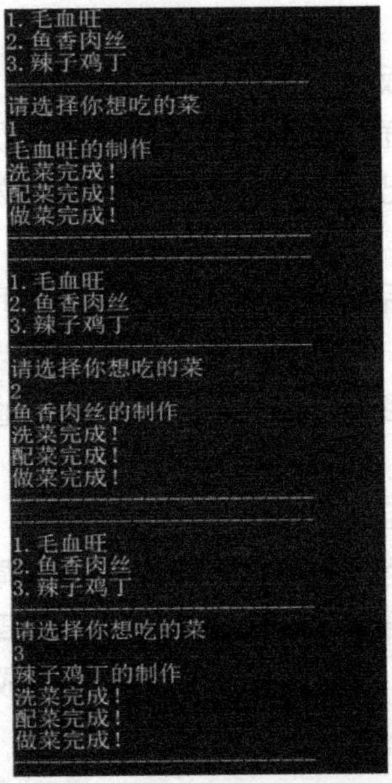


图 2-8-1　案例程序运行结果

**拓　展**

（1）函数是 C 语言的模块，可以相互调用，有较强的独立性。

（2）函数是完成特定功能的语句集合，当需要使用此功能时，只需要调用对应的函数。

## 8.1　函数的定义和调用

### 8.1.1　函数的定义

函数的定义包含函数头和函数体。函数头指定了函数的名称、返回值的类型，以及参数的类型和名称（有参数的情况下）。函数体中的语句明确了该函数的具体功能。

函数定义的一般格式如下：

```
返回值类型  函数名称(参数声明)
{
    函数体 /*   声明、执行语句   */
}
```

注释：

（1）返回值类型可以是 void 或者任何对象类型，但不能是数组类型。函数返回值类型修饰符见表 2-8-1。

表 2-8-1 函数返回值类型修饰符

| 类 型 | 修 饰 符 |
|---|---|
| void | void 代表空，即此函数没有返回值 |
| 任何对象类型 | int：函数返回值类型为整型<br>float：函数返回值类型为单精度浮点型<br>double：函数返回值类型为双精度浮点型<br>char：函数返回值类型为字符型<br>（还有一些函数返回值类型未列出） |

（2）函数名称一般根据函数需要完成的功能来设置。例如，最大值函数为 max()，最小值函数为 min()。

（3）参数声明：函数若有多个参数，需要以逗号分隔，每个参数前面要有一个类型修饰符。如果函数没有参数需要传入，则这个列表为空。

（4）函数体中主要是声明和执行语句。

## 8.1.2 函数的调用

所谓函数调用（Function Call），就是使用已经定义好的函数。

函数调用的一般形式如下：

```
functionName(param1, param2, param3, …);
```

functionName 是函数名称，param1,param2,param3,…是实参列表。实参可以是常数、变量、表达式等，多个实参之间用逗号分隔。

【例 8-1-1】求一个圆柱体的表面积和体积。

```
  /* 函数 column()为自定义函数，用来计算一个圆柱体的表面积和体积*/
#include <stdio.h>
#define Pi 3.141526                                    //定义圆周率
void column(double r,double h)
{
    printf("表面积:%.2f\n",Pi*r*r*2+Pi*2*r*h);        //计算表面积和体积
    printf("体积:%.2f\n",Pi*r*r*h); //输出
}
int main()
```

```
{
    double r,h;
    printf("输入底面半径和高:");
    scanf("%lf %lf",&r,&h);//输入
    column(r,h);//调用函数
    return 0;
}
```

程序运行结果如图 2-8-2 所示。

输入底面半径和高:3 4
表面积:131.94
体积:113.09

图 2-8-2　例 8-1-1 程序运行结果

**小贴士**

本例中自定义了函数 void column(double r,double h)。main()函数中的 column(r,h)是对该函数进行调用。

其中：void 为函数返回值类型。

column 为自定义函数名，该函数用来计算圆柱体的体积和表面积。

double r 为函数参数一，代表圆柱体底面半径，参数类型为 double 型。

double h 为函数参数二，代表圆柱体的高，参数类型为 double 型。

**【例 8-1-2】**判断一个数是不是质数。

```
/*函数 isPrime()用来判断一个整数 a 是不是质数，
若是质数，则函数返回 1，否则返回 0 */
    #include <stdio.h>
    #include <math.h>
    int isPrime(int a)
    {
        int i;
        for (i=2;i<=sqrt(a);i++)
        {
            if(a%i==0)
                return 0;
        }
        return 1;
    }
    int main()
    {
        int n;
        printf("请输入一个数：");
        scanf("%d",&n);
        if(isPrime(n))
            printf("这个数是质数");
        else
            printf("这个数不是质数");
        return 0;
    }
```

程序运行结果如图 2-8-3 所示。

图 2-8-3　例 8-1-2 程序运行结果

**小贴士**

本例中自定义了函数 int isPrime(int a)。
其中：int 表示函数返回值类型为整型。
　　isPrime 为自定义函数名，该函数用来判断一个数是不是质数。
　　int a 为函数参数，此函数有一个整型参数 a。

**练一练**

请编写程序求一个长方形的面积。

# 8.2　库函数和自定义函数

## 8.2.1　库函数

C 语言提供了丰富的库函数，如用于打印输出的 printf()和用于输入的 scanf()，以及与字符串有关的 strlwr()、strlen()、strcat()等。

在使用某一库函数时，需要在程序中嵌入（#include<>）该函数所在的头文件。例如，printf()、scanf()、getchar()、gets()、putchar()这些函数（也称标准 I/O 函数）都在 stdio.h 头文件中，所以使用时要在代码开头写上“#include <stdio.h>”。

### 1. 数学函数

数学函数见表 2-8-2。

表 2-8-2　数学函数（头文件：#include <math.h>）

| 函数名称 | 函数作用 |
|---|---|
| double sqrt(double x) | 返回 x 的平方根 |
| int rand() | 产生一个随机数并返回这个数 |
| int abs(int i) | 返回整型参数 i 的绝对值 |
| double sin(double x) | 返回 x 的正弦值，x 为弧度 |
| double cos(double x) | 返回 x 的余弦值，x 为弧度 |
| double tan(double x) | 返回 x 的正切值，x 为弧度 |
| double cot(double x) | 返回 x 的余切值，x 为弧度 |
| double ceil(double x) | 返回不小于 x 的最小整数 |
| double floor(double x) | 返回不大于 x 的最大整数 |

【例 8-2-1】求一个数的平方根。

```
#include <math.h>
#include <stdio.h>
int main()
{
    double a,result;
    printf("请输入一个需要开方的数\n");
    scanf("%lf",&a);
    result=sqrt(a);
    printf("The result of %lf is %lf",a,result);
    return 0;
}
```

程序运行结果如图 2-8-4 所示。

请输入一个需要开方的数
4
The result of 4.000000 is 2.000000

图 2-8-4 例 8-2-1 程序运行结果

**小贴士**

本例中使用了库函数 sqrt(float a)来计算 a 的平方根。

**练一练**

请利用数学函数实现以下功能：输入一个角的角度值，分别计算出这个角的正弦值和余弦值。

### 2. 字符串函数

字符串函数见表 2-8-3。

**表 2-8-3 字符串函数（头文件：#include <ctype.h>）**

| 函 数 名 称 | 函 数 作 用 |
|---|---|
| int isdigit(int ch) | 用来判断参数是否为数字 0～9<br>若 ch 是数字（'0'～'9'），则返回非 0 值，否则返回 0 |
| int isupper(int ch) | 用来判断参数是否为大写字母<br>若 ch 是大写字母（'A'～'Z'），则返回非 0 值，否则返回 0 |
| int islower(int ch) | 用来判断参数是否为小写字母<br>若 ch 是小写字母（'a'～'z'），则返回非 0 值，否则返回 0 |
| int tolower(int ch) | 若 ch 是大写字母（'A'～'Z'），则返回相应的小写字母（'a'～'z'） |
| int toupper(int ch) | 若 ch 是小写字母（'a'～'z'），则返回相应的大写字母（'A'～'Z'） |
| int isalpha(int ch) | 用来判断参数是否为字母（包括大写字母和小写字母）<br>若 ch 是字母（'A'～'Z'，'a'～'z'），则返回非 0 值，否则返回 0 |

续表

| 函数名称 | 函数作用 |
| --- | --- |
| int isalnum(int ch) | 用来判断参数是否为字母或数字（包含大写字母和小写字母）<br>若 ch 是字母（'A'～'Z'，'a'～'z'）或数字（'0'～'9'），则返回非 0 值，否则返回 0 |
| char *strstr(char *str1,char *str2) | 用来查找在字符串中指定字符串第一次出现的位置 |
| int strspn(char *str1,char *str2) | 用来在字符串中查找匹配的字符数<br>若 strspn()返回的数值为 n，则代表字符串 str1 开头连续有 n 个字符都出现在字符串 str2 中 |
| int strcmp(char *str1,char *str2) | 用于两个字符串的比较，主要比较字符串的 ASCII 码 |

**【例 8-2-2】**使用 strspn()函数查找指定字符串出现的位置。

```
#include <string.h>
#include <stdio.h>
int main(void)
{
    char *str="Microsoft was first developed for 386/486-based";
    char *string1="Microsoft";
    char *string2="was";
    int length1=strspn(str,string1);
    int length2=strspn(str,string2);
    printf("<Microsoft> where string differ in this sentence is at position:%d\n",length1);
    printf("<was> where string differ in this sentence is at position:%d\n",length2);
    return 0;
}
```

程序运行结果如图 2-8-5 所示。

```
<Microsoft> where string differ in this sentence is at position:9
<was> where string differ in this sentence is at position:0
```

图 2-8-5　例 8-2-2 程序运行结果

**小贴士**

本例中使用了字符串函数 strspn()，该函数的返回值为字符串 str 开头连续包含字符串 string1 和 string2 内字符的数目。

对于字符串“Microsoft”，在字符串“Microsoft was first developed for 386/486-based”开头连续出现了 9 个相同的字符，因此返回值为 9。

对于字符串“was”，在字符串“Microsoft was first developed for 386/486-based”开头未连续出现相同的字符，因此返回值为 0。

**练一练**

请使用 strcmp()函数对以下三个字符串进行比较：str1="aaaa"，str2="bbbb"，str3="bcde"。输出结果如图 2-8-6 所示。

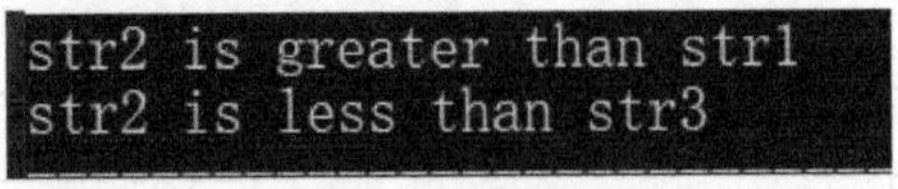
str2 is greater than str1
str2 is less than str3

图 2-8-6　输出结果

### 3．时间和日期函数

时间和日期函数见表 2-8-4。

表 2-8-4　时间和日期函数（头文件：#include <time.h>）

| 函 数 名 称 | 函 数 作 用 |
|---|---|
| time() | 获取当前时间（以秒表示） |
| gmtime() | 获取当前时间和日期并转换为世界标准时间（格林尼治时间） |
| localtime() | 获取当前时间和日期并转换为当地时间 |
| settimeofday() | 设置当前时间戳 |
| ctime() | 将时间和日期以字符串格式表示 |

**【例 8-2-3】**使用时间函数输出世界标准时间和北京时间。

```
#include "time.h"
#include "stdio.h"
int main(void)
{
   struct tm *local;
   time_t t;
   t=time(NULL);
   local=localtime(&t);
   printf("当前时间为: %d 点\n",local->tm_hour);
   local=gmtime(&t);
   printf("格林尼治时间为: %d 点\n",local->tm_hour);
   return 0;
}
```

程序运行结果如图 2-8-7 所示。

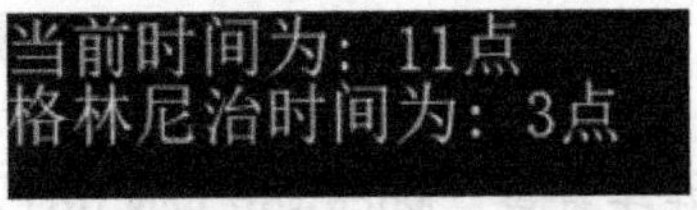
当前时间为：11点
格林尼治时间为：3点

图 2-8-7　例 8-2-3 程序运行结果

**小贴士**

在标准 C 语言中，可通过 tm 结构来获得日期和时间，tm 结构在 time.h 中的定义如下：

```
struct tm {
int tm_sec;       /*秒*/
int tm_min;       /*分*/
int tm_hour;      /*时*/
```

```
int tm_mday;      /*一个月中的日期*/
int tm_mon;       /*月份*/
int tm_year;      /*年份*/
int tm_wday;      /*星期*/
int tm_yday;      /*从每年的 1 月 1 日开始的天数*/
int tm_isdst;     /*夏令时标识符*/
    };
```

通过 time()函数来获得日历时间（Calendar Time），其原型如下：

```
time_t time(time_t * timer);
```

## 8.2.2　自定义函数

自定义函数是用户根据需要自行定义的函数，用于实现特定的功能。自定义函数可以减少代码量，使用时在主函数中调用即可。自定义函数在使用时不需要加头文件。

例如：

```
int f(int x){…}                    //自定义函数的定义
main()
    {…;f(1);f(2);f(3);…}           //自定义函数的调用
```

## 8.2.3　函数的分类

函数按照是否有返回值可分为有返回值函数和无返回值函数两种，按照是否有参数可分为有参数函数和无参数函数两种。综合起来，可以把函数分为四种类型，见表 2-8-5。

**表 2-8-5　函数的分类**

| 类　型 | 是否有参数 | 是否有返回值 |
|---|---|---|
| 无参数无返回值函数 | 无 | 无 |
| 无参数有返回值函数 | 无 | 有 |
| 有参数无返回值函数 | 有 | 无 |
| 有参数有返回值函数 | 有 | 有 |

### 1. 无参数无返回值函数

【例 8-2-4】无参数无返回值函数举例。

```
#include<stdio.h>
void Say()
{
    printf("这是一个无参数也无返回值的函数");
}
void main()
{
    Say();
}
```

程序运行结果如图 2-8-8 所示。

```
这是一个无参数也无返回值的函数
```

图 2-8-8　例 8-2-4 程序运行结果

**小贴士**

本例中，Say()函数为用户自定义函数，无参数，而且返回值为 void，表示无返回值。在 main()函数中调用 Say()函数时，不需要对其参数赋值。

### 2. 有参数无返回值函数

【例 8-2-5】打印一个菱形。

```
#include<stdio.h>
void diamond(int h,int w){
    int i,j;
    for (i=0; i<h; i++) {
        for (j=0; j<=i; j++) {
            printf(" ");
        }
        for (j=0; j<w; j++) {
            if (j==0||j==w-1||i==0||i==h-1) {
                printf("*");
            }else{
                printf(" ");
            }
        }
        printf("\n");
    }
}
int main()
{
    int a,b;
    printf("请输入菱形的高：");
    scanf("%d",&a);
    printf("请输入菱形的宽：");
    scanf("%d",&b);
    diamond(a, b);
}
```

程序运行结果如图 2-8-9 所示。

```
请输入菱形的高：4
请输入菱形的宽：5
 *****
  *   *
   *   *
    *****
```

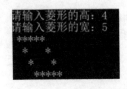

图 2-8-9　例 8-2-5 程序运行结果

**小贴士**

本例中，diamond()为用户自定义函数，有两个参数 h（形参）和 w（形参），分别代表输出菱形的高和宽。本例中利用嵌套的 for 循环，输出了一个菱形。

在 main()函数中，程序将用户输入的菱形的高 a（实参）和宽 b（实参）的值传递给 diamond()函数，完成菱形的绘制。

### 3. 无参数有返回值函数

**【例 8-2-6】**无参数有返回值函数举例。

```
int ret()
    {
    return 1;
    }
void main()
    {
    if(ret() == 1)
        printf("返回值为 1\n");
    else
        printf("返回值为 0\n");
    }
```

程序运行结果如图 2-8-10 所示。

图 2-8-10 例 8-2-6 程序运行结果

**小贴士**

本例中，ret()为用户自定义函数，无参数，但有返回值，返回值类型为 int；在 main()函数中调用 ret()函数并判断返回值是否为 1，为 1 则输出“返回值为 1”，否则输出“返回值为 0”。

### 4. 有参数有返回值函数

**【例 8-2-7】**输出两数中的较大数并求和。

```
//返回两个数中较大的一个
int max(int n1, int n2)
{
    return ((n1 > n2) ? n1 : n2);
}
//计算三个数字之和
int sum(int n1, int n2, int n3)
{
    return n1 + n2 + n3;
}

int main()
```

```
{
    int a,b,c,_max,_sum,_strlen;
    scanf("%d%d%d",&a,&b,&c);
    _max=max(a,b);
    _sum=sum(a,b,c);
    printf("两个数中的较大数为：%d\n",_max);
    printf("三个数之和为：%d\n",_sum);
}
```

程序运行结果如图 2-8-11 所示。

```
10 20 30
两个数中的较大数为：20
三个数之和为：60
```

图 2-8-11　例 8-2-7 程序运行结果

### 小贴士

本例中，自定义函数 max()有两个参数，sum()有三个参数，分别用来计算两个参数中的较大数和三个参数的和。在主函数中，将用户输入的三个整数赋给 max()和 sum()中的参数，然后求出两个数中的较大数和三个数之和。

### 练一练

1. 分别编写两个程序，计算从 100 加到 200 的和值。

（1）定义一个无参数有返回值函数 sum()，计算和值。

（2）定义一个有参数有返回值函数 sum(int begin,int end)，计算和值。

显示结果如图 2-8-12 所示。

```
The sum from 100 to 200 is 15150
```

图 2-8-12　显示结果

2. 编写一个无参数无返回值函数的示例程序，要求根据输入的数，输出相应的乘法口诀表。例如：输入 9，则输出 9×9 乘法口诀表；输入 12，则输出 12×12 乘法口诀表。

显示结果如图 2-8-13 所示。

```
请输入你想要的的乘法口诀表：7
 1* 1= 1
 1* 2= 2 2* 2= 4
 1* 3= 3 2* 3= 6 3* 3= 9
 1* 4= 4 2* 4= 8 3* 4=12 4* 4=16
 1* 5= 5 2* 5=10 3* 5=15 4* 5=20 5* 5=25
 1* 6= 6 2* 6=12 3* 6=18 4* 6=24 5* 6=30 6* 6=36
 1* 7= 7 2* 7=14 3* 7=21 4* 7=28 5* 7=35 6* 7=42 7* 7=49
```

```
请输入你想要的的乘法口诀表：9
1* 1= 1
1* 2= 2 2* 2= 4
1* 3= 3 2* 3= 6 3* 3= 9
1* 4= 4 2* 4= 8 3* 4=12 4* 4=16
1* 5= 5 2* 5=10 3* 5=15 4* 5=20 5* 5=25
1* 6= 6 2* 6=12 3* 6=18 4* 6=24 5* 6=30 6* 6=36
1* 7= 7 2* 7=14 3* 7=21 4* 7=28 5* 7=35 6* 7=42 7* 7=49
1* 8= 8 2* 8=16 3* 8=24 4* 8=32 5* 8=40 6* 8=48 7* 8=56 8* 8=64
1* 9= 9 2* 9=18 3* 9=27 4* 9=36 5* 9=45 6* 9=54 7* 9=63 8* 9=72 9* 9=81
```

图 2-8-13　显示结果

# 8.3　函数的参数和返回值

## 8.3.1　函数的参数

在定义函数的时候，大多数函数都有参数。函数定义时用的变量叫形参，传递给函数形参的值或变量叫实参，如图 2-8-14 所示。

```
//返回两个数字中较大的一个
int max(int n1, int n2)
{
    return ((n1 > n2) ? n1 : n2);
}
//计算三个数字之和
int sum(int n1, int n2, int n3)
{
    return n1 + n2 + n3;
}

int main()
{
    int a,b,c,_max,_sum,_strlen;
    scanf("%d%d%d",&a,&b,&c);
    _max=max(a,b);
    _sum=sum(a,b,c);
    printf("两个数中的较大数为：%d\n",_max);
    printf("三个数之和为：%d\n",_sum);
}
```

函数max()的两个形参n1和n2

函数max()的两个实参a和b

图 2-8-14　函数的形参和实参

注意：

（1）定义函数时需要指定形参的数据类型。函数未被调用时，形参并不占用内存。只有在发生函数调用时，形参才被分配内存。函数调用完成后，形参所占的内存就被释放。形参出现在函数定义中，在整个函数体内都可以使用，在函数之外则不能使用。

（2）实参可以是变量、常量或者表达式。实参出现在主调函数中，进入被调函数后，实参不能使用。

（3）在 C 语言中发生函数调用时，主调函数把实参的值传送给被调函数的形参，从而实现主调函数向被调函数的数据传送。实参与形参的数据传递是“值传递”，即单向传递，只由实参传递给形参，而不能由形参传递给实参。形参与实参的数据类型一定要兼容。

**【例 8-3-1】**完成两个数的互换。

```
#include<stdio.h>
void swap(int *a,int *b)
{
    int temp;
    temp=*a;
    *a=*b;
    *b=temp;
}
int main()
{
    int x=4,y=6;
```

```
        printf("x=%d y=%d\n",x,y);
        swap(&x,&y);
        printf("交换后的数值为：x=%d y=%d\n",x,y);
}
```

程序运行结果如图 2-8-15 所示。

图 2-8-15　例 8-3-1 程序运行结果

**小贴士**

函数不仅能传值，还能传地址。传值就是直接用一个变量存储值。传地址就是用一个变量（指针变量）存储地址。

本例中，如果函数定义写成以下两种形式，是无法完成数值交换的。

函数定义 1:

```
void swap(int a,int b)
{
        int temp;
        temp=a;
        a=b;
        b=temp;
}
```

函数定义 2:

```
void swap(int a,int b)
{
        int *temp;
        *temp=a;
        a=b;
        b=*temp;
}
```

## 8.3.2　函数的返回值

返回值是函数的处理结果。如果需要在程序中利用某个函数的处理结果，则该函数必须设置有返回值。

函数返回值一般用 return 语句设置。

**拓　展**

（1）return 语句是一个函数结束的标志，只要执行一次，这个函数就会结束运行。

（2）每个函数中可以有多条 return 语句。

（3）return 语句的返回值可以是任意数据类型。

（4）return 语句的返回值无个数限制，多个返回值之间用逗号分隔。

### 练一练

用自定义函数编程，要求输入一个年份数值，判断此年份是不是闰年。具体实现效果如图 2-8-16 所示。

图 2-8-16　实现效果

闰年的条件如下（满足其一即可）:

（1）此年份数值能整除 4 且不能整除 100。

（2）此年份数值能整除 400。

## 8.4　函数的嵌套调用和递归调用

### 8.4.1　函数的嵌套调用

在定义函数时，一个函数内不能再定义另一个函数，即函数不能嵌套定义，但函数可以嵌套调用，即在调用一个函数的过程中，又调用另一个函数。函数嵌套调用示意图如图 2-8-17 所示。

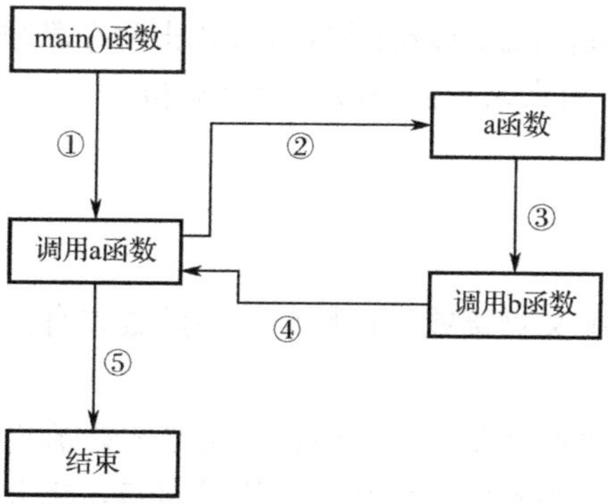


图 2-8-17　函数嵌套调用示意图

**【例 8-4-1】**通过函数嵌套调用求三个数中的最大值。

```
#include<stdio.h>
int max_two(int a,int b)
{
      if(a>=b)
         return a;
      else
         return b;
```

```
}
int max_three(int a,int b,int c)
{
    int max_two(int a,int b);
    int x;
    x=max_two(a,b);
    x=max_two(x,c);
    return x;
}
int main()
{
    int max_three(int a,int b,int c);
    int a,b,c,max;
    printf("请输入三个需要比较大小的数：");
    scanf("%d %d %d",&a,&b,&c);
    max=max_three(a,b,c);
    printf("最大值为：%d\n",max);
    return 0;
}
```

程序运行结果如图 2-8-18 所示。

```
请输入三个需要比较大小的数：5 7 9
最大值为：9
```

图 2-8-18　例 8-4-1 程序运行结果

**小贴士**

本例中共定义了两个函数，max_two()函数用来求出两个数中的较大值，max_three()函数中嵌套调用 max_two()函数，用来求出三个数中的最大值。

## 8.4.2　函数的递归调用

在调用一个函数的过程中又直接或间接地调用该函数本身，称为函数的递归调用。函数递归调用需要注意以下几点：

（1）在递归调用时，函数本身既是主调函数，又是被调函数。

（2）在递归调用时，递归函数将无休止地调用其自身，因此在函数内必须有中止递归的条件语句，满足某种条件之后即跳出递归函数，不再继续执行。

**【例 8-4-2】**利用递归函数求出 n!的值。

```
#include<stdio.h>
int factorial(int n)
{
    int x;
    if(n<0)
    {
        printf("您输入的值为负数");
```

```
        }
        else if(n==0||n==1)
        x=1;
        else
        {
            x=factorial(n-1)*n;
            return(x);
        }
}
int main()
{
        int factorial(int n);
        int x,y;
        printf("请输入一个整数:");
        scanf("%d",&x);
        y=factorial(x);
        printf("%d 的阶乘值为：%d",x,y);
        return 0;
}
```

程序运行结果如图 2-8-19 所示。

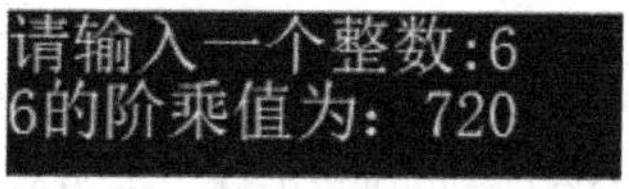


图 2-8-19　例 8-4-2 程序运行结果

**小贴士**

本例中，函数 factorial()用来求一个数的阶乘，即从这个数开始一直乘到 1，如 5!=5×4×3×2×1。

在函数定义中递归调用了函数 factorial(n-1)，使用 if-else if-else 语句来进行条件判断，当 n 递减到 n=1 的时候，跳出递归函数。

**练一练**

编写一个嵌套调用函数的程序，要求用户输入一个十进制数，程序输出对应的二进制数，程序运行结果如图 2-8-20 所示。

注意：将十进制数转换为二进制数的方法是除 2 求余数。

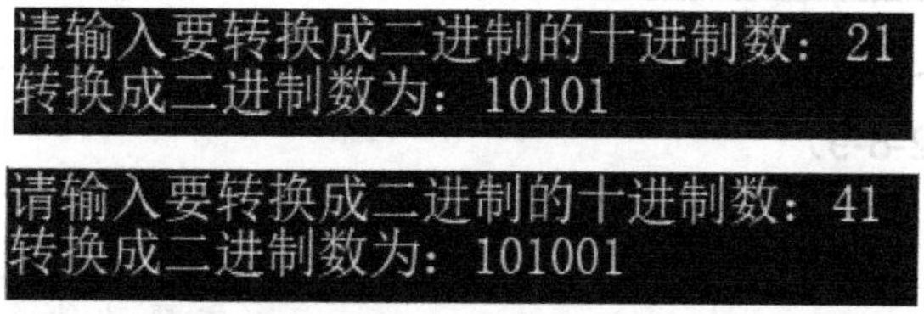

请输入要转换成二进制的十进制数：21
转换成二进制数为：10101
请输入要转换成二进制的十进制数：41
转换成二进制数为：101001


图 2-8-20　程序运行结果

# 8.5 常用 Arduino 函数

## 8.5.1 结构函数

### 1. void setup()

主要功能：初始化变量、设置引脚模式、调用库函数等。

### 2. void loop()

主要功能：连续执行函数内的语句。

## 8.5.2 功能函数

### 1. 数字 I/O 函数（表 2-8-6）

表 2-8-6 数字 I/O 函数

| 函 数 名 | 主 要 功 能 |
|---|---|
| pinMode(pin,mode) | 数字 I/O 口输入/输出模式定义函数，pin 为 0～13，mode 为 INPUT 或 OUTPUT |
| digitalWrite(pin,value) | 数字 I/O 口输出电平定义函数，pin 为 0～13，value 为 HIGH 或 LOW |
| int digitalRead(pin) | 数字 I/O 口读输入电平函数，pin 为 0～13 |

### 2. 模拟 I/O 函数（表 2-8-7）

表 2-8-7 模拟 I/O 函数

| 函 数 名 | 主 要 功 能 |
|---|---|
| int analogRead(pin) | 模拟 I/O 口读函数，pin 为 0～5 |
| analogWrite(pin,value) | PWM 模拟 I/O 口 PWM 信号输出函数，Arduino 开发板上标注了 PWM 的模拟 I/O 口可使用该函数，pin 为 3、5、6、9、10、11，value 为 0～255 |

### 3. 时间函数（表 2-8-8）

表 2-8-8 时间函数

| 函 数 名 | 主 要 功 能 |
|---|---|
| delay(ms) | 延时函数（单位为 ms） |
| delayMicroseconds(us) | 延时函数（单位为μs） |

### 4. 数学函数（表 2-8-9）

表 2-8-9 数学函数

| 函 数 名 | 主 要 功 能 |
|---|---|
| min(x,y) | 求 x 和 y 中的较小值 |
| max(x,y) | 求 x 和 y 中的较大值 |

续表

| 函　数　名 | 主 要 功 能 |
|---|---|
| abs(x) | 求 x 的绝对值 |
| constrain(x,a,b) | 约束函数，下限为 a，上限为 b，x 必须在 a 与 b 之间 |
| map(value,fromLow,fromHigh,toLow,toHigh) | 约束函数，value 必须在 fromLow 与 toLow 之间和 fromHigh 与 toHigh 之间 |
| pow(base,exponent) | 求 base 的 exponent 次方 |
| sq(x) | 求 x 的平方 |
| sqrt(x) | 求 x 的平方根 |

### 5. 串口通信函数（表 2-8-10）

表 2-8-10　串口通信函数

| 函　数　名 | 主 要 功 能 |
|---|---|
| Serial.begin() | 初始化串口波特率，可选 300、1200、2400、4800、9600、14400、19200、28800、38400、57600 或 115200 |
| Serial.end() | 停用串行通信，使 RX 和 TX 引脚用于一般输入和输出。要重新使用串行通信，需要执行 Serial.begin()语句 |
| Serial.parseInt() | 查找传入的串行数据流中下一个有效的整数。parseInt()继承自 Stream 类 |
| Serial.println() | 打印数据到串口 |
| Serial.read() | 读取传入串口的数据。read()继承自 Stream 类 |
| Serial.write() | 将二进制数据写入串口 |

**【例 8-5-1】**从串口输入数据并打印出来。

```
void setup() {
  Serial.begin(9600);
}
void loop() {
  if(Serial.available()>=4)
  {
    char a=Serial.read();
    char b=Serial.read();
    char c=Serial.read();
    char d=Serial.read();
    Serial.println(a);
    Serial.println(b);
    Serial.println(c);
    Serial.println(d);
  }
}
```

程序运行结果如图 2-8-21 所示。

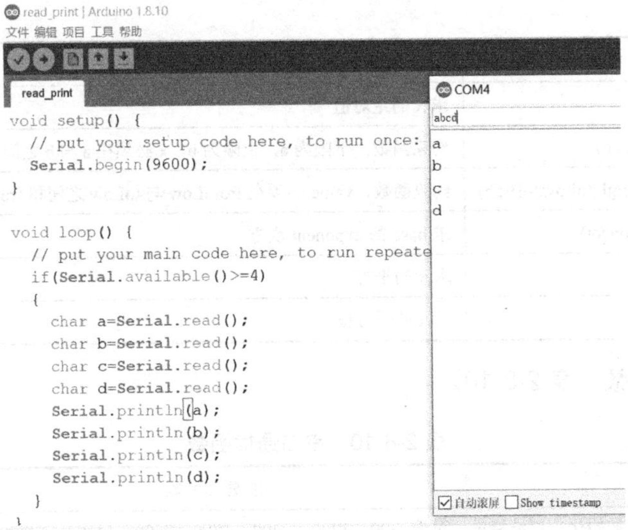


图 2-8-21 例 8-5-1 程序运行结果

**小贴士**

本例中共使用了四个 Arduino 自带的串口通信函数。

（1）Serial.begin()为初始化波特率的函数。

（2）Serial.println()为串口输出函数，用它代替传统 C 语言中的 printf()函数，因为 Arduino 中使用“串口监视器”来查看数据。

（3）Serial.available()函数用来定义串口能承载的最大字符数。

（4）Serial.read()函数用来读取传入串口的数据。

【例 8-5-2】用 Arduino 程序完成比较三个数的大小。

```
#include<stdio.h>
int max_two(int a,int b)
{
  if(a>=b)
    return a;
  else
    return b;
}
int max_three(int a,int b,int c)
{
  int max_two(int a,int b);
  int x;
  x=max_two(a,b);
  x=max_two(x,c);
  return x;
}
void setup() {
Serial.begin(9600);
int max_three(int a,int b,int c);
```

```
    int a=3,b=4,c=5,max;
    max=max_three(a,b,c);

    Serial.println(max);
}
void loop()
{
}
```

显示结果如图 2-8-22 所示。

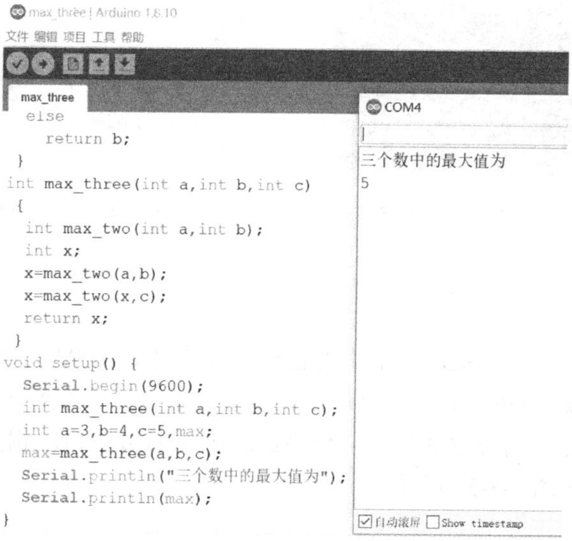


图 2-8-22 例 8-5-2 显示结果

**小贴士**

本例使用 Arduino 平台进行编程，与例 8-4-1 中定义的函数 max_two()和 max_three()的功能相同，但 Arduino 平台中无 main()函数，它具有以下几个特点：

（1）函数定义仍然在主函数体外。

（2）Arduino 中的 setup()函数类似于基础 C 语言中的 main()函数。所有的功能语句必须写在 setup()函数中。

**练一练**

请将例 8-4-2 使用 Arduino 平台重新编写程序，并通过串口监视器显示数值互换的结果。

## 8.6 火焰报警案例

要求用 Arduino 开发板实现火焰报警功能，即发现火焰时，蜂鸣器会报警。

**1. 所需硬件**

- 火焰传感器（红外接收三极管）1个。火焰传感器如图2-8-23所示。
- 蜂鸣器1个。蜂鸣器如图2-8-24所示。
- 10kΩ电阻1个。
- 面包板1块。
- 面包板导线若干。

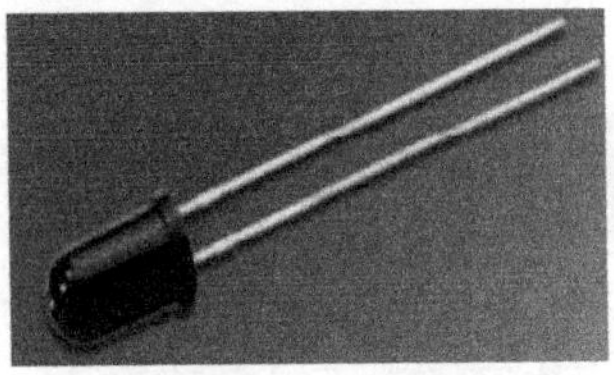

图2-8-23 火焰传感器

图2-8-24 蜂鸣器

**2. 电路设计**

火焰传感器的短引脚为负极，长引脚为正极，将负极接到5V接口，正极与10kΩ电阻一端相连，电阻另一端接到GND接口。火焰传感器正极通过导线接到Arduino开发板的5号模拟口。蜂鸣器的接法与火焰传感器类似，蜂鸣器连接8号数字口。相关接线图、原理图和实物连接图如图2-8-25～图2-8-27所示。

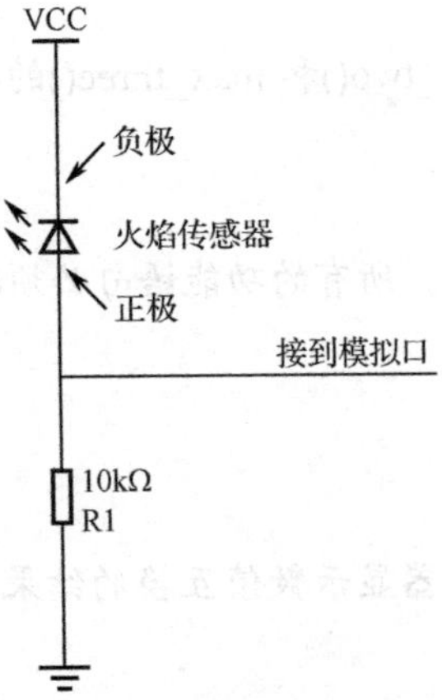


图2-8-25 火焰传感器接线图

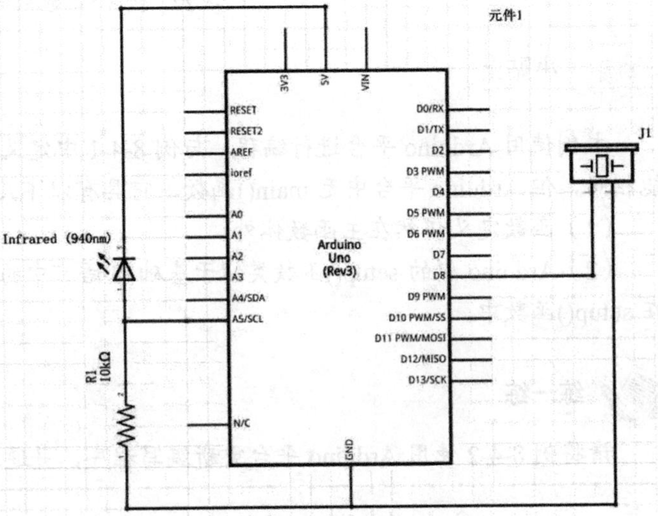


图2-8-26 电路原理图

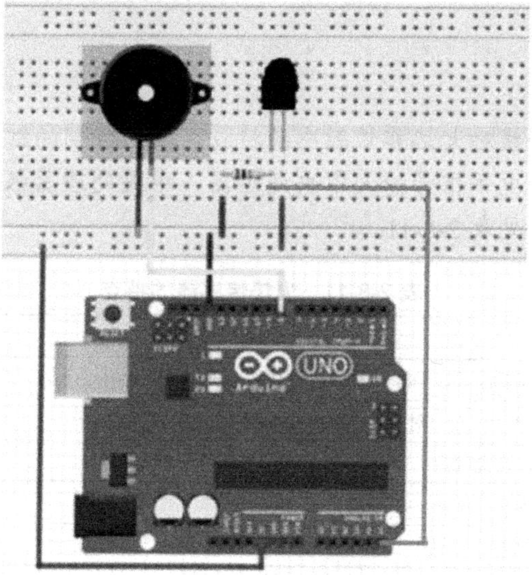

图 2-8-27 实物连接图

### 3. 程序设计

```
int flame=A5;                    //定义火焰传感器接口为 5 号模拟口
int Beep=8;                      //定义蜂鸣器接口为 8 号数字口
int val=0;                       //定义数字变量
void setup()
{
pinMode(Beep,OUTPUT);            //定义蜂鸣器接口为输出接口
pinMode(flame,INPUT);            //定义火焰传感器接口为输入接口
Serial.begin(9600);              //设定波特率为 9600
}
void loop()
{
val=analogRead(flame);           //读取火焰传感器的模拟值
Serial.println(val);             //输出模拟值，并将其打印出来
if(val>=600)                     //当模拟值大于 600 时蜂鸣器鸣响
{ digitalWrite(Beep,HIGH); }
else
{ digitalWrite(Beep,LOW); }
}
```

### 小贴士

在本案例中，火焰与传感器之间的距离决定了读取电压值的大小。

用万用表测量电压值发现，当没有火焰靠近时，模拟口读到的电压值在 0.3V 左右；当有火焰靠近时，读到的电压值在 1.0V 左右。火焰距离越近，电压值越大。

程序开始时，先存储没有火焰时模拟口读到的电压值 i，之后循环读取模拟口电压值 j，并计算两个值的差值 k=j−i。

将 k 与 0.6V 做比较，当其大于或等于 0.6V 时，判断有火焰，蜂鸣器鸣响报警；当 k 小于 0.6V 时，判断没有火焰，蜂鸣器不响。

## 拓　展

火焰传感器利用红外线对火焰非常敏感的特点，使用特制的红外线接收管来检测火焰，然后把火焰的亮度转化为电平信号输入中央处理器，中央处理器根据信号的变化做出相应的处理。火焰传感器的特点见表 2-8-11。

表 2-8-11　火焰传感器的特点

| 序　号 | 特　点 |
|---|---|
| 1 | 可以检测火焰或波长在 760～1100nm 范围内的光源 |
| 2 | 探测角度在 60° 左右，对火焰光谱特别敏感 |
| 3 | 灵敏度可调，性能稳定 |
| 4 | 工作电压为 5V |
| 5 | 属于救火机器人必备部件 |

## 练一练

请使用 Arduino 自带函数 analogRead()、Serial.println()、pinMode()完成 PWM 控制 LED 的实验。通过 pinMode()函数将 11 号数字口设置为输出端口。通过 analogRead()函数读取传感器的模拟值。通过 Serial.println()函数输出传感器的变量数值。

所需硬件：

- 电位器模块 1 个。
- 红色 M3 直插 LED 1 个。
- 1kΩ 直插电阻 1 个。
- 面包板 1 块。
- 面包板导线若干。

实验原理图如图 2-8-28 所示。实物连接图如图 2-8-29 所示。

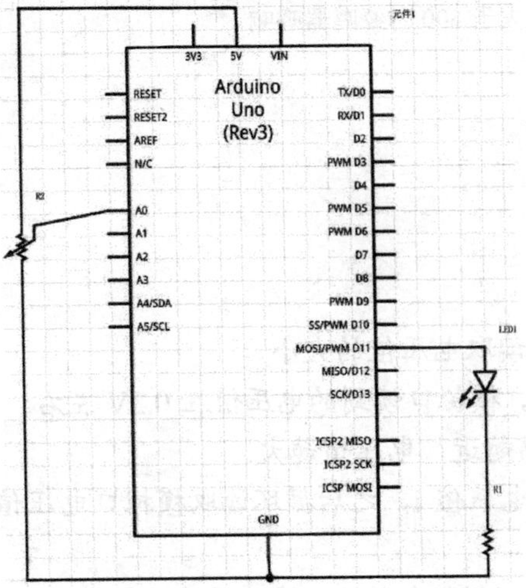


图 2-8-28　PWM 控制 LED 实验原理图

图 2-8-29　PWM 控制 LED 实物连接图

# 8.7 智能小车综合 PWM 控制系统设计

本案例通过自定义前进函数 goAhead()、后退函数 goBack()、左转函数 turnLeft()、右转函数 turnRight()和停止函数 stop()来控制智能小车前进、后退、转向和停止。

要求实现以下效果：智能小车启动后前进，1 秒后后退，1 秒后左转，1 秒后右转，1 秒后停止。

## 1. 所需硬件

准备智能小车及相关硬件。

## 2. 电路设计

Arduino 开发板的 3 号、5 号、6 号、9 号、10 号、11 号引脚可以输出 PWM 信号，本案例使用 3 号、5 号引脚。

PWM 引脚为高电平时驱动芯片导通。

## 3. 程序设计

使用 Mixly 软件对上述函数进行设计，如图 2-8-30 所示。程序执行流程如图 2-8-31 所示。

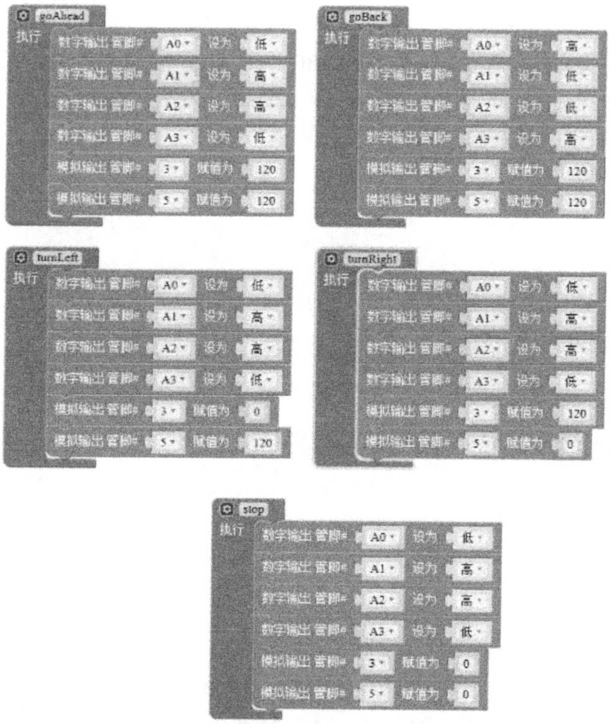


图 2-8-30 函数设计

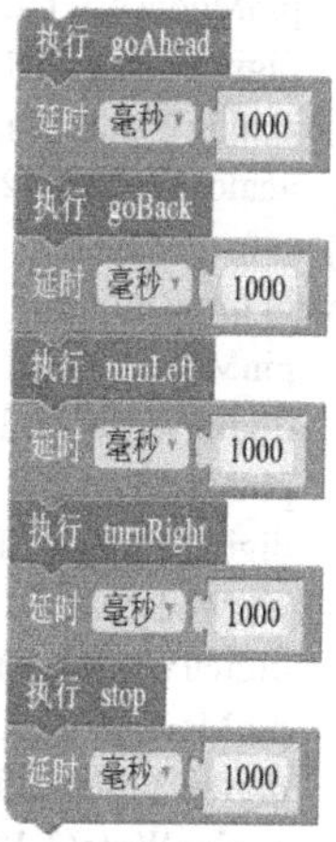


图 2-8-31 程序执行流程

代码如下：

```
void goAhead() {                    //自定义智能小车前进函数 goAhead()
  pinMode(A0,OUTPUT);
  digitalWrite(A0,LOW);
  pinMode(A1,OUTPUT);
  digitalWrite(A1,HIGH);
  pinMode(A2,OUTPUT);
  digitalWrite(A2,HIGH);
  pinMode(A3,OUTPUT);
  digitalWrite(A3,LOW);
  analogWrite(3,120);
  analogWrite(5,120);
}
void goBack() {                     //自定义智能小车后退函数 goBack()
  pinMode(A0, OUTPUT);
  digitalWrite(A0,HIGH);
  pinMode(A1, OUTPUT);
  digitalWrite(A1,LOW);
  pinMode(A2, OUTPUT);
  digitalWrite(A2,LOW);
  pinMode(A3, OUTPUT);
  digitalWrite(A3,HIGH);
  analogWrite(3,120);
  analogWrite(5,120);
}
void turnLeft() {                   //自定义智能小车左转函数 turnLeft()
  pinMode(A0, OUTPUT);
  digitalWrite(A0,LOW);
  pinMode(A1, OUTPUT);
  digitalWrite(A1,HIGH);
  pinMode(A2, OUTPUT);
  digitalWrite(A2,HIGH);
  pinMode(A3, OUTPUT);
  digitalWrite(A3,LOW);
  analogWrite(3,0);
  analogWrite(5,120);
}
void turnRight() {                  //自定义智能小车右转函数 turnRight()
  pinMode(A0, OUTPUT);
  digitalWrite(A0,LOW);
  pinMode(A1, OUTPUT);
  digitalWrite(A1,HIGH);
  pinMode(A2, OUTPUT);
  digitalWrite(A2,HIGH);
  pinMode(A3, OUTPUT);
  digitalWrite(A3,LOW);
  analogWrite(3,120);
  analogWrite(5,0);
}
void stop() {                       //自定义智能小车停止函数 stop()
```

```
    pinMode(A0, OUTPUT);
    digitalWrite(A0,LOW);
    pinMode(A1, OUTPUT);
    digitalWrite(A1,HIGH);
    pinMode(A2, OUTPUT);
    digitalWrite(A2,HIGH);
    pinMode(A3, OUTPUT);
    digitalWrite(A3,LOW);
    analogWrite(3,0);
    analogWrite(5,0);
}
void setup()
{
}
void loop()
{
    goAhead();          //小车前进
    delay(1000);        //延时 1000 毫秒
    goBack();           //小车后退
    delay(1000);        //延时 1000 毫秒
    turnLeft();         //小车左转
    delay(1000);        //延时 1000 毫秒
    turnRight();        //小车右转
    delay(1000);        //延时 1000 毫秒
    stop();             //小车停止
    delay(1000);        //延时 1000 毫秒
}
```

案例实现效果如图 2-8-32 所示。

（a）智能小车前进　　（b）智能小车左转　　（c）智能小车右转

图 2-8-32　案例实现效果

**小贴士**

本案例中使用的函数见表 2-8-12。

**表 2-8-12　本案例中使用的函数**

| 函数类型 | 函数名 | 函数作用 | 注意事项 |
|---|---|---|---|
| 自定义函数 | goAhead() | 前进 | 3 号、5 号引脚设置速度均为 120 |
| | goBack() | 后退 | 模拟引脚输入与前进函数正好相反 |
| | turnLeft() | 左转 | 3 号引脚设置速度为 0，5 号引脚设置速度为 120 |
| | turnRight() | 右转 | 3 号引脚设置速度为 120，5 号引脚设置速度为 0 |
| | stop() | 停止 | 3 号、5 号引脚设置速度均为 0 |
| 库函数 | setup() | 初始化 | 初始化变量，设置引脚模式，调用库函数 |
| | loop() | 连续执行 | 连续执行函数内的语句 |
| | delay() | 延时 | 单位是 ms（毫秒） |

# 第 9 章　数码管静态显示

数码管是一种半导体发光器件，其基本单元是发光二极管。数码管按段数分为七段数码管和八段数码管，八段数码管比七段数码管多一个发光二极管（显示时多一个小数点）。八段数码管如图 2-9-1 所示。

数码管静态显示就是当数码管显示某一字符时，相应的发光二极管恒定导通或者截止。一个八段数码管有 8 个发光二极管，其显示的字符可以采用前面介绍的点亮发光二极管的方式控制，即采用基本数据类型定义每个发光二极管对应引脚的变量。

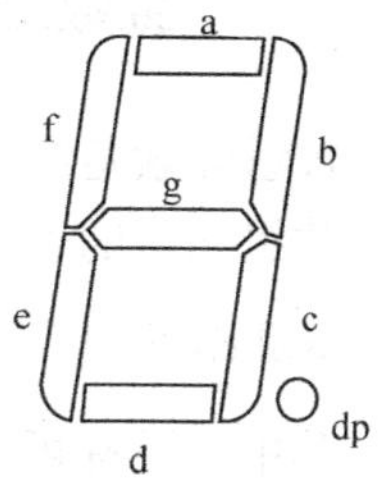

图 2-9-1　八段数码管

利用基本数据类型可以解决一些简单的问题。对于复杂的问题，则需要使用数组。数组是指按序排列的相同类型的数据元素的集合。例如，可以用数组表示一个班级里面所有学生的英语成绩所组成的集合。数组中的元素是有排列顺序的。数组元素用数组名和下标确定，下标是数组中各个元素的数字编号。

在 C 语言中，数组属于构造数据类型。按数组元素的类型，数组又可分为数值数组、字符数组、指针数组、结构数组等。这里主要介绍数值数组和字符数组。

## 9.1　一维数组

### 9.1.1　一维数组的定义

当数组中每个元素只带有一个下标时，此数组称为一维数组。

一维数组的定义格式如下：

```
类型说明符　数组名[常量表达式];
```

（1）类型说明符：在 C 语言中使用数组前必须先进行类型说明，可以是任意一种基本数据类型或构造数据类型。

（2）数组名：用户定义的数组标识符，必须为合法标识符。

（3）常量表达式：方括号中的常量表达式表示数组元素的个数，也称数组长度。

（4）[ ]：数组运算符，它是单目运算符，优先级为 1 级，左结合。

例如：

int a[6];定义了整型数组 a，它有 6 个元素，第一个元素是 a[0]，第 6 个元素是 a[5]。

float b[3],c[4];定义了实型数组 b 和实型数组 c，前者有 3 个元素，后者有 4 个元素。

char ch[10];定义了字符数组 ch，它有 10 个元素。

小贴士

数组的特点：

（1）数组是相同数据类型的元素的集合。同一个数组中所有元素的数据类型都是相同的。

（2）数组中各元素的存储是有先后顺序的，它们在内存中按照这个先后顺序连续存储在一起。

（3）数组元素用整个数组的名称和它自己在数组中的顺序位置来表示。例如，a[0]代表数组 a 中的第一个元素，a[1]代表数组 a 中的第二个元素，依此类推。

### 9.1.2 一维数组元素的引用

数组元素是组成数组的基本单元，数组元素也是一种变量，必须先定义后引用。

数组元素的表示形式如下：

```
数组名[下标]
```

其中，下标可以是整型常量或表达式，下标从 0 开始。

只能对数组元素进行引用，如 a[0]、a[i]、a[i+1]等，而不能引用整个数组。

例如，下面的这种写法是错误的。

```
int a[10];
printf("%d",a);
```

要想输出数组 a 中的所有元素，可以写成：

```
for(j=0;j<10;j++)
        printf("%d\t",a[j]);
```

小贴士

在引用数组元素时应注意以下几点：

（1）由于数组元素本身等价于同一类型的变量，因此，对变量的任何操作都适用于数组元素。

（2）在引用数组元素时，下标可以是整型常量或表达式，表达式内允许变量存在。在定义数组时下标不能使用变量。

（3）引用数组元素时下标不能出界。

**【例 9-1-1】**输出有 10 个元素的数组。

```
#include <stdio.h>
/* 输出有 10 个元素的数组 */
int main( )
{
int i,a[10];
    for(i=0;i<=9;i++)
        a[i]=i;
    for(i=0;i<=9;i++)
```

```
        printf ("a[%d]=%d\t",i,a[i]);
    return 0;
}
```

程序运行结果如图 2-9-2 所示。

```
a[0]=0  a[1]=1  a[2]=2  a[3]=3  a[4]=4  a[5]=5  a[6]=6  a[7]=7  a[8]=8  a[9]=9
```

图 2-9-2　例 9-1-1 程序运行结果

**【例 9-1-2】**随机输入 10 个数并输出。

```
#include <stdio.h>
/* 随机输入 10 个数并输出 */
int main( )
{
    int a[10] , i ;
    printf("Please input 10 numbers:\n");
    for(i=0;i<10;i++)
        scanf("%d",&a[i]);
    printf("\n");
    for(i=0;i<10;i++)
        printf("%4d",a[i]);
    return 0;
}
```

程序运行结果如图 2-9-3 所示。

```
Please input 10 numbers:
10 23 56 21 52 16 5 3 103 9

  10  23  56  21  52  16   5   3 103   9
```

图 2-9-3　例 9-1-2 程序运行结果

## 9.1.3　一维数组的初始化

在 C 语言中，可利用赋值语句或输入语句给数组元素逐个赋值。C 语言还允许在定义数组时对各数组元素赋初值，称为数组初始化。

在定义数组时对数组元素赋初值，在编译阶段可使数组元素得到初值，这样能减少运行时间，提高程序运行效率。

（1）在定义数组时对数组元素赋初值。

例如，将整型数据 0、1、2、3、4 分别赋给整型数组元素 a[0]、a[1]、a[2]、a[3]、a[4]，可以写成下面的形式：

```
int a[5]={0,1,2,3,4};
```

等价于

```
a[0]=0;a[1]=1;a[2]=2;a[3]=3;a[4]=4;
```

（2）只给部分元素赋值。

例如：

```
int a[5]={1,2,3};
```

等价于

```
a[0]=1;a[1]=2;a[2]=3;a[3]=0;a[4]=0;
```

（3）数组元素初值全部为 0。

例如，对数组 a 中所有元素赋初值 0，可以写成下面的形式：

```
int a[5]={0,0,0,0,0};
```

或

```
int a[5]={0};
```

（4）对数组元素赋初值时，可以不指定长度。

例如：

```
int a[ ]={1,2,3,4,5,6,7,8};
```

等价于

```
int a[8]={1,2,3,4,5,6,7,8};
```

编译程序时系统会根据初值的个数确定数组长度。

### 9.1.4 一维数组的应用

**【例 9-1-3】**从键盘输入 10 个数，求其中的最小值并显示出来。

```
#include <stdio.h>
/* 从键盘输入 10 个数，求其中的最小值并显示出来 */
int main()
{
 int i ,min ,a[10];
 printf("please input 10 number:\n");
 for (i=0;i<10;i++)
     scanf("%d",&a[i]);
 min=a[0];
 for(i=0;i<10;i++)
     if (min>a[i]) min=a[i];
printf("min value is %d\n",min);
        return 0;
}
```

程序运行结果如图 2-9-4 所示。

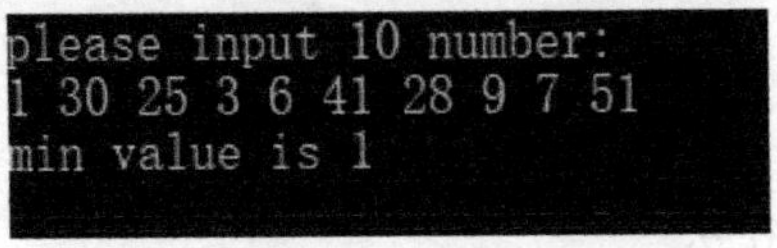
please input 10 number:
1 30 25 3 6 41 28 9 7 51
min value is 1

图 2-9-4　例 9-1-3 程序运行结果

【例 9-1-4】求出数组元素中的奇数和偶数，并统计奇数和偶数的个数。

```
#include <stdio.h>
/* 求出数组元素中的奇数和偶数，并统计奇数和偶数的个数 */
int main( )
{
int a[5]={10,2,5,23,49};
int i,j=0,k=0;                              //定义 j 和 k 为偶数个数和奇数个数
for(i=0;i<5;i++)
      printf("a[%d]=%d\n",i,a[i]);
for(i=0;i<5;i++)
      {
      if( a[i]%2==0)    //在取余时，结果为 0 则表示该数为偶数
      {printf("%d 为偶数\n",a[i]);
      j++;}
      else
      {printf("%d 为奇数\n",a[i]);
      k++;}
      }
printf("偶数个数为：%d 个，奇数个数为:%d 个",j,k);
   return 0;
}
```

程序运行结果如图 2-9-5 所示。

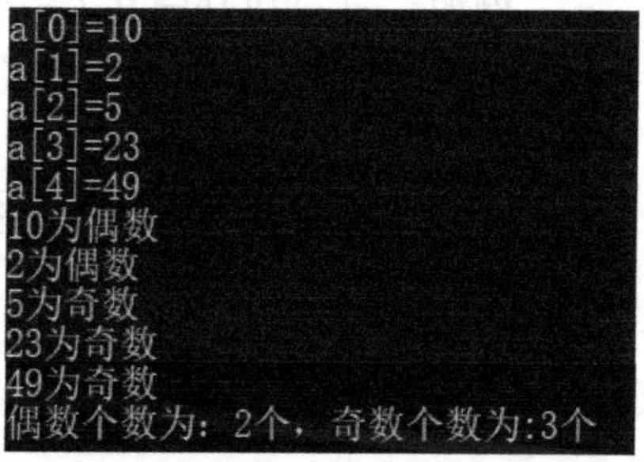


图 2-9-5　例 9-1-4 程序运行结果

**练一练**

将一个学生的 5 门课程成绩存储在一个数组中，求出这 5 门课程的平均成绩，并输出低于平均成绩的课程分数。

# 9.2　二维数组

## 9.2.1　二维数组的定义

二维数组的定义方式与一维数组类似，二维数组定义的一般形式如下：

```
类型说明符 数组名[常量表达式 1][常量表达式 2];
```

其中，常量表达式 1 表示第一维下标的长度，常量表达式 2 表示第二维下标的长度。

例如，一个学习小组中有 5 个学生，每个学生有 3 门考试成绩，则可定义如下数组：

```
float a[5][3];
```

上述代码定义了一个 5 行 3 列的数组，数组名为 a，其元素类型为实型。该数组共有 5×3 个元素，即：

```
a[0][0],a[0][1],a[0][2]
a[1][0],a[1][1],a[1][2]
a[2][0],a[2][1],a[2][2]
a[3][0],a[3][1],a[3][2]
a[4][0],a[4][1],a[4][2]
```

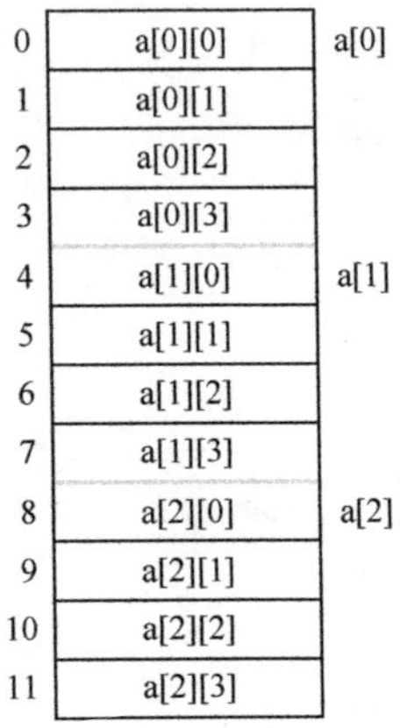


图 2-9-6　二维数组在存储器中存储的方式

与一维数组一样，二维数组元素的下标也是从 0 开始的。a[i][j]表示第 i+1 行、第 j+1 列的元素。

注意，定义数组时用到的“数组名[常量表达式 1][常量表达式 2]”和引用数组元素时用到的“数组名[下标 1][下标 2]”是有区别的。前者是定义一个数组，指定该数组的维数和各维的长度。而后者是通过下标，指定一个具体的数组元素。

二维数组在实际的硬件存储器中是连续存储的，即按行依次存储，每行中的各个元素同样依次存储。

例如，int a[3][4];定义了一个 3 行 4 列的二维数组，它在存储器中存储的方式如图 2-9-6 所示。

### 9.2.2　二维数组元素的引用

二维数组中的各个元素可看成具有相同数据类型的一组变量。因此，对变量的引用及操作，同样适用于二维数组元素。

二维数组元素引用格式如下：

```
数组名[下标 1][下标 2]
```

**小贴士**

在引用数组元素时应注意以下几点：

（1）下标是整型或字符型常量、变量或表达式。

（2）数组元素可出现在表达式中，如 a[1][2]=a[2][2]/2。

（3）使用数组元素时，应注意不要超出其定义的范围。

**【例 9-2-1】**通过键盘给 3 行 3 列的二维数组赋初值并输出数组各元素的值。

```
#include <stdio.h>
/* 通过键盘给 3 行 3 列的二维数组赋初值并输出数组各元素的值 */
int main( )
{
int i, j, a[3][3];
```

```
    printf("请输入 9 个数：");
    for(i=0;i<3;i++)
        for(j=0;j<3;j++)
        scanf("%d",&a[i][j]);
    for(i=0;i<3;i++)
        for(j=0;j<3;j++)
        printf("\na[%d][%d]=%d",i,j,a[i][j]);
        return 0;
    }
```

程序运行结果如图 2-9-7 所示。

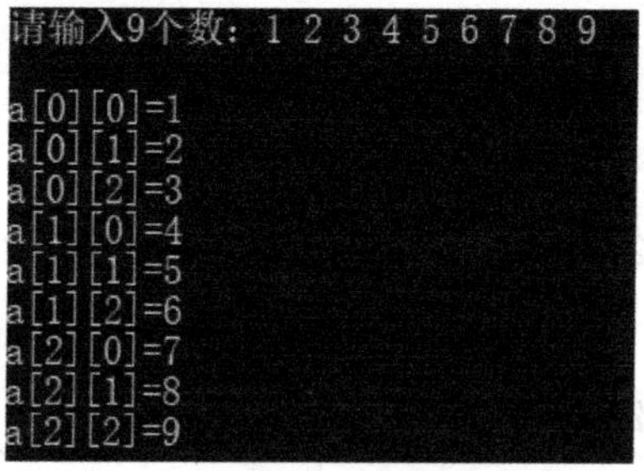


图 2-9-7　例 9-2-1 程序运行结果

### 9.2.3　二维数组的初始化

在定义二维数组的同时，可使用以下几种方法对二维数组进行初始化。

（1）将所有数据写在一个大括号内，以逗号分隔，按数组元素在内存中的排列顺序对其赋值。

例如：

```
int a[2][3]={0,1,2,3,4,5};
```

赋值后各元素的值如下：

0　1　2

3　4　5

（2）分行对数组元素赋值。

例如：

```
int a[2][3]={{0,1,2},{4,5,6}} ;
```

赋值后各元素的值如下：

0　1　2

4　5　6

（3）对部分元素赋值，未赋值的元素取 0 值。

例如：

```
int a[2][3]={{1},{4}};
```

赋值后各元素的值如下：

1 0 0

4 0 0

（4）若对全部元素赋初值，则定义时第一维长度可省略，可由第二维长度自动确定第一维长度。

例如：

```
int a[ ][3]={0,1,2,3,4,5} ;
```

相当于

```
int a[2][3]={0,1,2,3,4,5} ;
```

### 9.2.4 二维数组的应用

**【例 9-2-2】**表 2-9-1 为某公司 2019 年度第一季度销售统计表，请将表中数据输入数组，并找出哪位员工哪个月的销售额最高。

**表 2-9-1 某公司 2019 年度第一季度销售统计表（单位：万元）**

| 员　工 | 一月 | 二月 | 三月 |
|---|---|---|---|
| 员工 1 | 10 | 9 | 12 |
| 员工 2 | 20 | 18 | 22 |
| 员工 3 | 12 | 15 | 16 |
| 员工 4 | 14 | 10 | 16 |

```
#include <stdio.h>
/* 在数组中找出哪位员工哪个月的销售额最高 */
int main()
{
int i ,j ,staff=0,month=0,max;
int a[][3]={10,9,12,20,18,22,12,15,16,14,10,16};
max=a[0][0];
for(i=0;i<=3;i++)
      {
      for(j=0;j<=2;j++)
            printf("%-5d",a[i][j]);
      printf("\n");
      }
 for(i=0;i<=3;i++)
      for(j=0;j<=2;j++)
            if(a[i][j]>max)
            {
                  max=a[i][j];
                  staff=i+1 ;month=j+1;
            }

 printf("最大单月销售额=%d,单月销售额最高的员工=员工%d,所在月份为=%d 月\n",max,staff,month);
      return 0;
 }
```

程序运行结果如图 2-9-8 所示。

```
10    9     12
20    18    22
12    15    16
14    10    16
最大单月销售额=22，单月销售额最高的员工=员工2，所在月份为=3月
```

图 2-9-8　例 9-2-2 程序运行结果

**【例 9-2-3】**根据表 2-9-1，分别求该公司每月销售额、每名员工第一季度销售额和 4 名员工第一季度销售总额。

```
#include <stdio.h>
/*求每月销售额、每名员工第一季度销售额和 4 名员工第一季度销售总额 */
int main( )
{
printf("请输入表中数据：\n");
int a[5][4],i,j;
for(i=0;i<4;i++)
     for(j=0;j<3;j++)
          scanf("%d",&a[i][j]);
for(i=0;i<3;i++)
     a[4][i]=0;
for(j=0;j<5;j++)
     a[j][3]=0;
for(i=0;i<4;i++)
     for(j=0;j<3;j++)
     {
      a[i][3]+=a[i][j];
     a[4][j]+=a[i][j];
     a[4][3]+=a[i][j];
     }
for(i=0;i<5;i++)
     {
   for(j=0;j<4;j++)
     printf("%-5d\t",a[i][j]);
     printf("\n");
     }
printf("第一季度每月销售额为：%5d，%5d，%5d\n",a[4][0],a[4][1],a[4][2]);
printf("每名员工第一季度销售额为：%5d，%5d，%5d，%5d\n",a[0][3],a[1][3],a[2][3],a[3][3]);
printf("第一季度的销售总额为：%5d\n",a[4][3]);
     return 0;
}
```

程序运行结果如图 2-9-9 所示。

```
请输入表中数据：
10 9 12 20 18 22 12 15 16 14 10 16
10      9       12      31
20      18      22      60
12      15      16      43
14      10      16      40
56      52      66      174
第一季度每月销售额为：   56，   52，   66
每名员工第一季度销售额为：   31，   60，   43，   40，
第一季度的销售总额为：  174
```

图 2-9-9　例 9-2-3 程序运行结果

**练一练**

试编写一个 C 语言程序，将二维数组 a 中的行列元素互换，存到另一个数组 b 中。

$$a=\begin{bmatrix}1 & 2 & 3\\ 4 & 5 & 6\end{bmatrix} \qquad b=\begin{bmatrix}1 & 4\\ 2 & 5\\ 3 & 6\end{bmatrix}$$

# 9.3 字符数组

字符数组是用来存放字符的，字符数组中的一个元素对应一个字符。

## 9.3.1 字符数组的定义

一维字符数组的定义格式：
char 数组名[常量表达式];
例如：

```
char a[5];
```

二维字符数组的定义格式：
char 数组名[常量表达式 1][常量表达式 2];
例如：

```
char a[2][3];
```

## 9.3.2 字符数组元素的引用

用下标指定要引用的数组元素。
一维字符数组元素的引用格式：

```
数组名[下标];
```

二维字符数组元素的引用格式：

```
数组名[行下标][列下标];
```

## 9.3.3 字符数组的初始化

字符数组初始化有下面两种方式。
（1）对数组元素逐个初始化。
例如：

```
char a[10]={'I', ' ', 'a', 'm', ' ', 'h', 'a', 'p', 'p', 'y'};
```

字符数组 a 在内存中的存储形式见表 2-9-2。

表 2-9-2 字符数组 a 在内存中的存储形式

| 数组元素 | a[0] | a[1] | a[2] | a[3] | a[4] | a[5] | a[6] | a[7] | a[8] | a[9] |
|---|---|---|---|---|---|---|---|---|---|---|
| 元素的值 | I | | a | m | | h | a | p | p | y |

如果初始化时元素的个数小于数组长度，则多余元素自动为'\0'（'\0'是二进制的 0）。例如：

```
char a[10]={'C',' ','p','r','o','g','r','a','m'};
```

a[9]= \0'，即 a[9]=0。

指定初值时，若未指定数组长度，则数组长度等于初值个数。例如：

```
char a[ ]={'I', ' ', 'a', 'm', ' ', 'h', 'a', 'p', 'p', 'y'};
```

等价于

```
char a[10]={'I', ' ', 'a', 'm', ' ', 'h', 'a', 'p', 'p', 'y'};
```

（2）用字符串常量对数组进行初始化。

例如：

```
char a[ ]={"I am happy"};
```

字符串在进行存储时，系统会自动在其后加上结束标志'\0'。

另外，字符数组也允许在定义时进行初始化。

**【例 9-3-1】**输出一个字符串“Wuhan jiayou”。

```
#include <stdio.h>
/* 输出一个字符串“Wuhan jiayou” */
int main( )
{
char c[12]={'W','u','h','a','n',' ','j', 'i', 'a','y', 'o','u'};
   int i ;
   for(i=0;i<12;i++)
       printf("%c",c[i]);
       printf("\n");
       return 0;
}
```

程序运行结果如图 2-9-10 所示。

图 2-9-10 例 9-3-1 程序运行结果

**【例 9-3-2】**用“*”输出一个三角形图形。

```
#include <stdio.h>
/* 用“*”输出一个三角形图形 */
int main()
{
char a[ ][5]={{' ',' ','*'},{' ','*',' ','*'},{'*','*','*','*','*'}};
    int i,j;
```

```
        for(i=0;i<3;i++)
            {
             for(j=0;j<5;j++)
                 printf("%c",a[i][j]);
          printf("\n");
            }
          return 0;
    }
```

程序运行结果如图 2-9-11 所示。

图 2-9-11　例 9-3-2 程序运行结果

## 9.3.4　字符串和字符串结束标志

在 C 语言中，字符串常量是用双引号括起来的一串字符，并用'\0'（ASCII 码为 0）作为字符串的结束标志，这个标志占 1 字节内存空间，但不计入字符串的长度。

在 C 语言中，没有专门的字符串变量，通常用一个字符数组来存放一个字符串。

例如：

```
char a[ ]={'I', ' ', 'a', 'm', ' ', 'h', 'a', 'p', 'p', 'y'};
```

可写为

```
char a[ ]={"I am happy"};
```

**小贴士**

在使用字符串时应注意以下几点：

（1）用字符串赋值时，无须指定数组长度。

（2）以字符串形式对字符数组进行初始化，系统会自动在该字符串后面加结束标志'\0'。在 C 语言中，以字符串形式赋值要比对数组中的字符逐个赋值多占 1 字节，多占的字节用于存放字符串结束标志'\0'。上面的例子在内存中的实际存储情况为 I am happy'\0'，字符串结束标志'\0'是由编译系统自动加上的。由于系统加上了字符串结束标志'\0'，所以在用字符串赋值时不用指定字符数组的长度，而由系统自行处理。

（3）在采用字符串方式后，字符数组的输入和输出将变得简单方便。可以用 scanf()函数和 printf()函数一次性输入和输出一个字符数组中的字符串，而不必使用循环语句逐个输入和输出字符。

## 9.3.5　字符数组的输入和输出

可以利用字符数组对单个字符和字符串进行输入和输出操作。

### 1. 逐个字符输入和输出

【例 9-3-3】用格式符"%c"输入或输出一个字符串。

```
#include <stdio.h>
/* 用格式符"%c"输入或输出一个字符串 */
int main()
{
char   a[5];
int i;
for(i=0;i<5;i++)
      scanf("%c", &a[i]);
for(i=0;i<5;i++)
      printf("%c", a[i]);
      return 0;
}
```

程序运行结果如图 2-9-12 所示。

如图 2-9-13 所示，如果输入的内容为“wuhan jiayou”，那么输出仍为“wuhan”，这是因为输入的字符长度超过了字符数组 a 的长度。

wuhan
wuhan

图 2-9-12 例 9-3-3 程序运行结果（1）

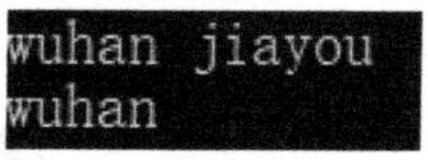
wuhan jiayou
wuhan

图 2-9-13 例 9-3-3 程序运行结果（2）

### 2. 整串输入和输出

用格式符"%s"可输入、输出字符串。由于 C 语言中没有专门存放字符串的变量，所以将字符串存放在一个字符数组中，数组名表示第一个字符的首地址，故在输入或输出字符串时可直接使用数组名。

【例 9-3-4】整串输入和输出。

```
#include <stdio.h>
/* 整串输入和输出。*/
int main()
{char   a[15];
scanf("%s",a);
printf("%s",a);
      return 0;
}
```

程序运行结果如图 2-9-14 所示。

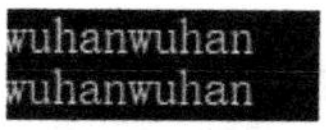
wuhanwuhan
wuhanwuhan

图 2-9-14 例 9-3-4 程序运行结果

**小贴士**

整串输入和输出应注意以下几点：

（1）scanf()函数在用字符数组名输入时前面不要加&，同时输入的字符串长度应小于数组长度，遇空格或回车符会结束输入并自动加'\0'。

（2）在 printf()函数中使用的格式符为"%s"，表示输出的是一个字符串，在输出列表中给出数组名即可。

为了能将字符全部输出，可以多设几个字符数组来存放含空格的字符串。例如，可以将例 9-3-4 中的程序改写成以下形式。

**【例 9-3-5】**整串输入和输出。

```
#include <stdio.h>
/* 整串输入和输出。*/
int main()
{
char a[10],b[10];
scanf("%s%s",a,b);
printf("a=%s\nb=%s\n",a,b);
printf("%s %s\n",a,b);
        return 0;
}
```

程序运行结果如图 2-9-15 所示。

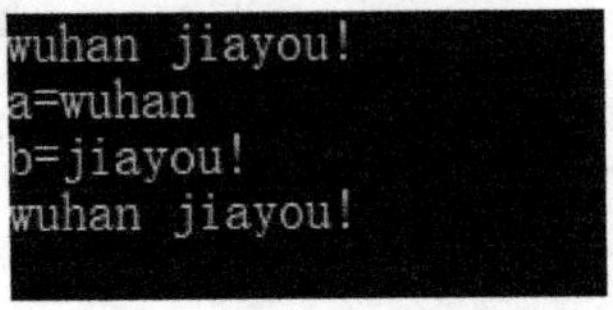
wuhan jiayou!
a=wuhan
b=jiayou!
wuhan jiayou!

图 2-9-15　例 9-3-5 程序运行结果

## 9.3.6　字符串处理函数

在 C 语言中有很多的字符串处理函数，主要用于字符串的输入、输出、复制、连接、比较等。使用字符串输入和输出函数时，要在程序中包含头文件“stdio.h”；使用其他字符串函数时，要在程序中包含头文件“string.h”。

下面介绍几个常用的字符串函数。

### 1．字符串输入函数 gets()

gets()函数的一般调用格式如下：

```
gets(字符数组名);
```

gets()函数的作用是从键盘输入字符串（字符串可以包含空格），直到遇到回车符为止，回车符读入后不作为字符串的内容，系统将自动加上'\0'，作为字符串的结束标志。

注意：输入字符串的长度应小于字符数组的长度。

**【例 9-3-6】**用函数 gets()输入一个字符串。

```
#include <stdio.h>
/* 用函数 gets()输入一个字符串 */
```

```
int main()
{
char   a1[15], a2[15] ;
gets(a1);
scanf("%s",a2);
printf ("a1=%s\n",a1);
printf ("a2=%s\n",a2);
       return 0;
}
```

程序运行结果如图 2-9-16 所示。

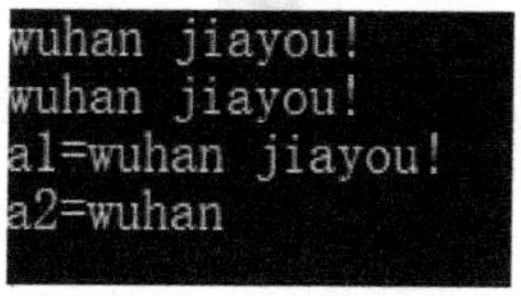
wuhan jiayou!
wuhan jiayou!
a1=wuhan jiayou!
a2=wuhan

图 2-9-16　例 9-3-6 程序运行结果

从程序的输出结果可以看到，在 scanf()函数中遇空格就结束输入，而在 gets()函数中却将空格作为字符存入字符数组中。

### 2．字符串复制函数 strcpy()

strcpy()函数的一般调用格式如下：

```
strcpy(字符数组 1,字符数组 2);
```

功能：把字符数组 2 所指向的字符串复制到字符数组 1 所指向的字符数组中。字符串结束标志'\0'也一同复制。字符数组 2 也可以是一个字符串常量，这时相当于把一个字符串赋给一个字符数组。

返回值：返回字符数组 1 的首地址。

**小贴士**

在使用 strcpy()函数时应注意以下几点：

（1）字符数组 1 必须是数组名形式（str1）。

（2）字符数组 2 可以是数组名形式或字符串常量。

### 3．求字符串长度函数 strlen()

strlen()函数的一般调用格式如下：

```
strlen(字符数组);
```

功能：计算以字符数组为起始地址的字符串的长度（不包含字符串结束标志'\0'），并作为函数值返回。

**【例 9-3-7】**求字符串长度。

```
#include <stdio.h>
#include <string.h>
/*  求字符串长度*/
```

```
int main()
{
char   a1[10]="wuhan" ;
printf ("%d\n",strlen(a1));
printf ("%d\n", strlen("wuhan\0jiayou"));
        return 0;
}
```

程序运行结果如图 2-9-17 所示。

5
5

图 2-9-17　例 9-3-7 程序运行结果

## 拓　展

### 1. 字符串输出函数 puts()

puts()函数的一般调用格式如下：

```
puts(字符数组名);
```

该函数的作用是向显示器输出一个字符串，从字符数组指定的地址开始，依次输出存储单元中的字符，直到遇到字符串结束标志为止，字符串输出结束后换行。

**【例 9-3-8】**用函数 puts()输出一个字符串。

```
#include <stdio.h>
/*  用函数 puts()输出一个字符串  */
int main()
{
char a1[ ]="Wuhan\njiayou" ;
char a2[ ]="Wuhan\0jiayou" ;
puts(a1);    puts(a2);
puts("WUHAN");
        return 0;
}
```

程序运行结果如图 2-9-18 所示。

Wuhan
jiayou
Wuhan
WUHAN

图 2-9-18　例 9-3-8 程序运行结果

字符数组 a1 输出时遇到'\n'，所以换行输出后面的字符；字符数组 a2 输出时遇到'\0'，此时结束输出并将'\0'转换成'\n'，因此光标移到下一行。

当输出有格式要求时，通常使用 printf()函数。

### 2. 字符串连接函数 strcat()

strcat()函数的一般调用格式如下：

```
strcat (字符数组 1,字符数组 2);
```

功能：把字符数组 2 所指向的字符串连到字符数组 1 所指向的字符串后面，并自动覆盖字符数组 1 所指向的字符串的尾部字符'\0'。

返回值：返回字符数组 1 的首地址。

**【例 9-3-9】**用字符串连接函数 strcat()连接两个字符串。

```
#include <stdio.h>
#include <string.h>
/* 用字符串连接函数 strcat()连接两个字符串*/
int main()
{
char    str1[20]={"I am a "};
char str2[]={"student"};
strcat(str1,str2);
printf ("%s\n",str1);

        return 0;
}
```

程序运行结果如图 2-9-19 所示。

```
I am a student
```

图 2-9-19 例 9-3-9 程序运行结果

## 9.3.7 字符数组的应用

**【例 9-3-10】**从键盘输入一个字符串，并复制到另一字符串后面显示出来。

```
#include <stdio.h>
#include <string.h>
/*输入一个字符串，并复制到另一字符串后面显示出来*/
int main()
{
char   str1[20] , str2[20] ;
int   i ;
printf("input a string:") ;
gets(str1);
i=0 ;
while(str1[i]!='\0')
    {
     str2[i]=str1[i] ;
     i++ ;
    }
str2[i]='\0' ;
```

```
printf("%s" , str2) ;
        return 0;
}
```

程序运行结果如图 2-9-20 所示。

```
input a string:I am a student!
I am a student!
```

图 2-9-20　例 9-3-10 程序运行结果

**【例 9-3-11】**针对上例，要求采用字符串复制函数实现相同的功能，并分别计算两个字符串的长度。

```
#include <stdio.h>
#include <string.h>
/*输入一个字符串，并复制到另一字符串后面显示出来，同时计算两个字符串的长度*/
int main()
{
char    str1[20] , str2[20] ;
printf("input a string:") ;
gets(str1);
strcpy(str2,str1);
printf("%s\n" , str2) ;
printf ("str1 字符数组字符串长度为：%d\n",strlen(str1));
printf ("str2 字符数组字符串长度为：%d\n",strlen(str2));
        return 0;
}
```

程序运行结果如图 2-9-21 所示。

```
input a string:I am a student.
I am a student.
str1字符数组字符串长度为：15
str2字符数组字符串长度为：15
```

图 2-9-21　例 9-3-11 程序运行结果

**练一练**

针对上面的例子，如果使用 scanf()函数输入字符串到字符数组 str1 中，其输出结果有什么不同？试编写 C 语言程序，并调试运行。

## 9.4　数码管静态显示系统设计

本案例要求利用一个八段数码管依次循环显示数字 0～9，每两个数字显示时间间隔为 1 秒。

## 9.4.1 数码管的工作原理及结构

本案例使用的是八段数码管。八段数码管及其引脚如图 2-9-22 所示。

数码管按发光二极管单元连接方式可分为共阳极数码管和共阴极数码管。共阳极数码管是指将所有发光二极管的阳极接到一起形成公共阳极（COM）的数码管，共阳极数码管在应用时应将公共极 COM 接到+5V，当某一字段发光二极管的阴极为低电平时，该字段就点亮；当某一字段发光二极管的阴极为高电平时，该字段就不亮。共阳极数码管如图 2-9-23 所示。

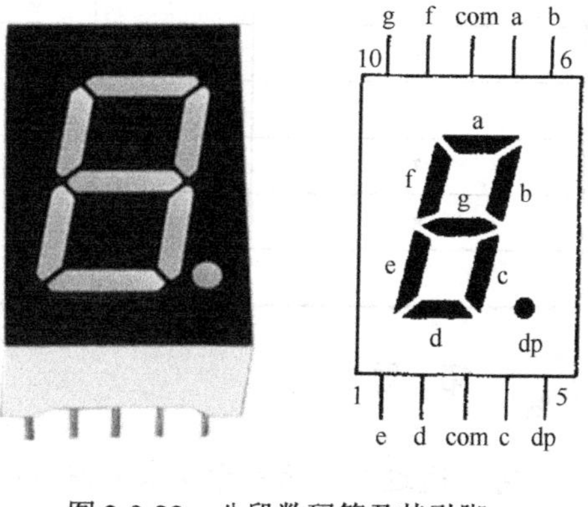


图 2-9-22 八段数码管及其引脚

共阴极数码管是指将所有发光二极管的阴极接到一起形成公共阴极（COM）的数码管，共阴极数码管在应用时应将公共极 COM 接到地线（GND）上，当某一字段发光二极管的阳极为高电平时，该字段就点亮；当某一字段发光二极管的阳极为低电平时，该字段就不亮。共阴极数码管如图 2-9-24 所示。

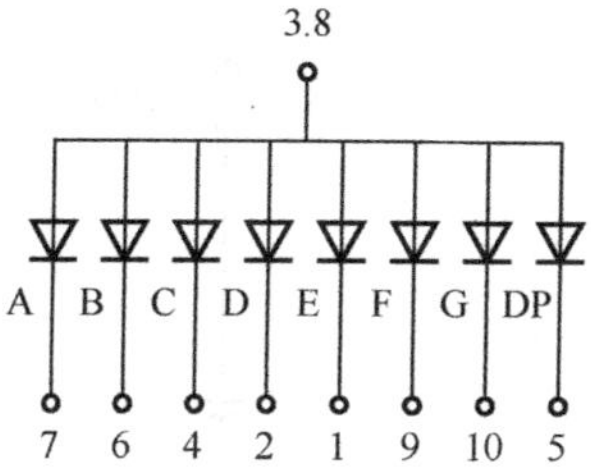


图 2-9-23 共阳极数码管

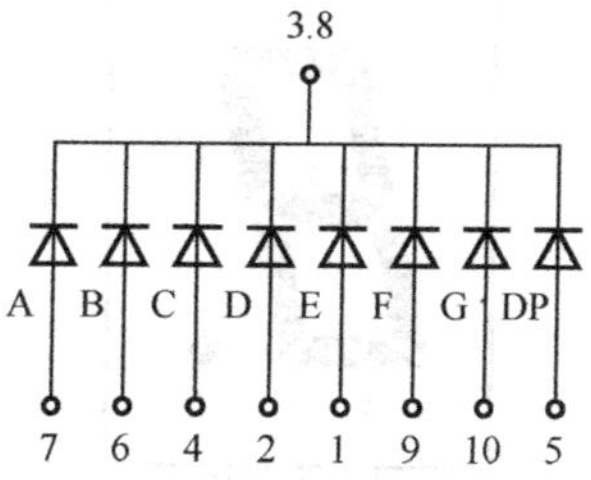


图 2-9-24 共阴极数码管

数码管的每一段是由发光二极管组成的，所以在使用时和发光二极管一样，也要连接限流电阻，否则电流过大会烧坏发光二极管。本案例用的是共阴极数码管。

想让数码管显示数字，只要将相应的段点亮即可。例如，想让数码管显示数字“1”，则将 b、c 段点亮，其余段不亮；想显示数字“2”，则将 a、b、g、e、d 段点亮，其余段不亮。

本案例使用共阴极数码管，将数码管的 a～dp 引脚连到 Arduino 开发板上的 4～11 号数字端口，向数字端口写入不同字形编码，即可显示不同数字。共阴极数码管的字形编码见表 2-9-3。

表 2-9-3 共阴极数码管的字形编码

| 数码管引脚 | 7（a） | 6（b） | 4（c） | 2（d） | 1（e） | 9（f） | 10（g） | 5（dp） |
|---|---|---|---|---|---|---|---|---|
| Arduino 开发板端口 | 4 | 5 | 6 | 7 | 8 | 9 | 10 | 11 |
| 显示字符 | 共阴极数码管的字形编码 | | | | | | | |
| 0 | 1 | 1 | 1 | 1 | 1 | 1 | 0 | 0 |
| 1 | 0 | 1 | 1 | 0 | 0 | 0 | 0 | 0 |

续表

| | | | | | | | | |
|---|---|---|---|---|---|---|---|---|
| 2 | 1 | 1 | 0 | 1 | 1 | 0 | 1 | 0 |
| 3 | 1 | 1 | 1 | 1 | 0 | 0 | 1 | 0 |
| 4 | 0 | 1 | 1 | 0 | 0 | 1 | 1 | 0 |
| 5 | 1 | 0 | 1 | 1 | 0 | 1 | 1 | 0 |
| 6 | 1 | 0 | 1 | 1 | 1 | 1 | 1 | 0 |
| 7 | 1 | 1 | 1 | 0 | 0 | 0 | 0 | 0 |
| 8 | 1 | 1 | 1 | 1 | 1 | 1 | 1 | 0 |
| 9 | 1 | 1 | 1 | 1 | 0 | 1 | 1 | 0 |

## 拓　展

可以通过以下两种方法来判断数码管是共阳极数码管还是共阴极数码管。

### 1. 利用 Arduino 开发板上的电源接口判断（图 2-9-25）

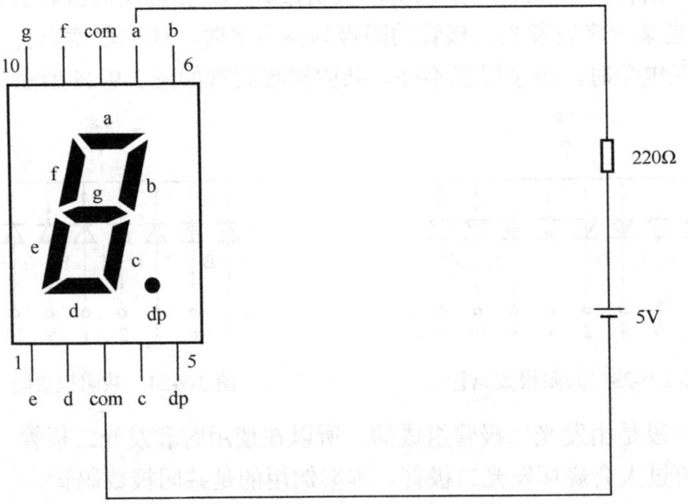


图 2-9-25　数码管接线图

首先假设数码管是共阴极的，把 Arduino 开发板上的 GND 端口和数码管的 COM 引脚相连。为了避免电流过大烧坏数码管，在电路中串接一个 220Ω 电阻。然后用导线把 Arduino 开发板上的 5V 端口和数码管的其他任意引脚连接起来，如果此时数码管某一段点亮，则可以确定 GND 端口所连接的 COM 引脚为负极，其他引脚为正极，所以前面的假设成立，数码管为共阴极数码管。

如果数码管任何一段都不亮，一般情况下，可判断该数码管为共阳极数码管。为了确保准确性，应调换图 2-9-25 中电源的正负极重新进行测试。如果连接的数码管某一段点亮，则说明此数码管为共阳极数码管。

### 2. 使用万用表判断

将万用表调到电阻测量挡位，红表笔接数码管的 COM 引脚，黑表笔接数码管的其他任意引脚，如果此时数码管上某一段点亮，则说明此数码管为共阴极数码管。

如果数码管上任何一段都不亮，则说明此数码管为共阳极数码管。为了确保准确性，应调换黑表笔和红表笔再测一次，如果此时数码管上某一段点亮，则说明此数码管为共阳极数码管。

## 9.4.2 电路设计

### 1. 硬件清单

本案例硬件清单见表 2-9-4。

表 2-9-4 数码管静态显示案例硬件清单

| 序　号 | 名　称 | 数　量 | 作　用 |
|---|---|---|---|
| 1 | Arduino UNO | 1 | 控制主板 |
| 2 | USB 线 | 1 | 下载程序 |
| 3 | 面包板 | 1 | 插接元器件 |
| 4 | 八段数码管 | 1 | 显示结果 |
| 5 | 220Ω 直插电阻 | 8 | 限流 |
| 6 | 杜邦线 | 若干 | 连接元器件 |

### 2. 电路原理图

将 Arduino 开发板上的 4～11 号数字端口与数码管的 a～dp 引脚相连，COM 引脚接 GND 端口。为了避免电流过大烧坏数码管，在每一段数码管电路中串接一个 220Ω 电阻，电路原理图如图 2-9-26 所示。

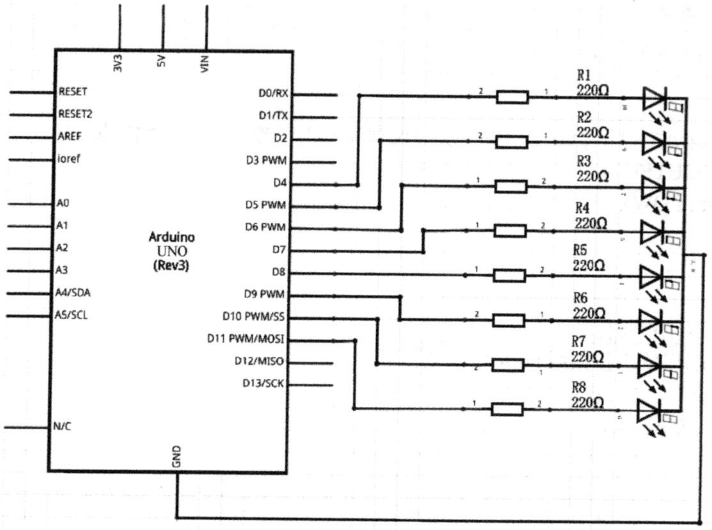


图 2-9-26 电路原理图

### 3. 实物接线图

本案例实物接线图如图 2-9-27 所示。

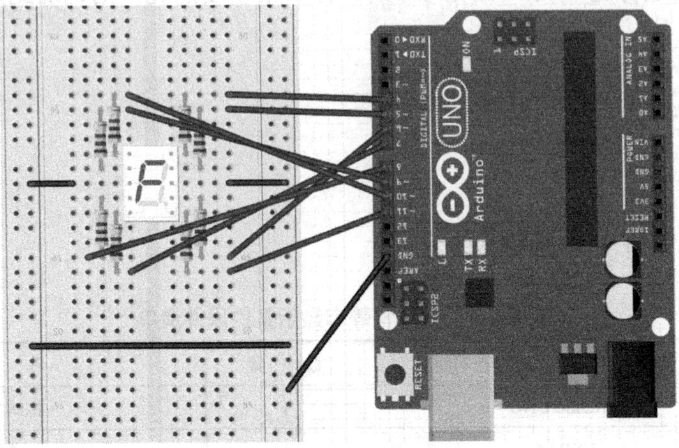

图 2-9-27　实物接线图

## 9.4.3　源程序设计

本案例可以分别通过一维数组和二维数组编程，实现数码管静态显示功能。

### 1. 采用一维数组实现数码管的静态显示

采用一维数组实现数码管依次循环显示数字，首先要定义 4～11 号端口，都设为 OUTPUT 模式，初始化为 LOW。

主函数要分别显示数字 0～9。为每个数字的显示定义一个一维数组，并按照表 2-9-3 中对应的编码初始化数组。

Arduino 程序代码如下：

```
void setup(){
 for(int pin = 4 ; pin <= 11 ; pin++)              //设置 4～11 号数字端口为输出模式
 {pinMode(pin, OUTPUT);
 digitalWrite(pin, LOW); }
 }
void loop() {
//显示数字 0
int n0[8]={1,1,1,1,1,1,0,0};
//4～11 号数字端口依次按数组 n0[8]中的数据显示
for(int pin = 4; pin <= 11 ; pin++){
digitalWrite(pin,n0[pin-4]);
}
delay(1000);

//显示数字 1
int n1[8]={0,1,1,0,0,0,0,0};
//4～11 号数字端口依次按数组 n1[8]中的数据显示
for(int pin = 4; pin <= 11 ; pin++){
```

```
  digitalWrite(pin,n1[pin-4]);
  }
 delay(1000);

  //显示数字 2
  int n2[8]={1,1,0,1,1,0,1,0};
  //4～11 号数字端口依次按数组 n2[8]中的数据显示
 for(int pin = 4; pin <= 11 ; pin++){
  digitalWrite(pin,n2[pin-4]);
 }
 delay(1000);

  //显示数字 3
 int n3[8]={1,1,1,1,0,0,1,0};
 //4～11 号数字端口依次按数组 n3[8]中的数据显示
 for(int pin = 4; pin <=11 ; pin++){
 digitalWrite(pin,n3[pin-4]);
 }
 delay(1000);

 //显示数字 4
 int n4[8]={0,1,1,0,0,1,1,0};
 //4～11 号数字端口依次按数组 n4[8]中的数据显示
 for(int pin = 4; pin <= 11 ; pin++){
  digitalWrite(pin,n4[pin-4]);
 }
  delay(1000);

  //显示数字 5
  int n5[8]={1,0,1,1,0,1,1,0};
  //4～11 号数字端口依次按数组 n5[8]中的数据显示
 for(int pin = 4; pin <= 11 ; pin++){
  digitalWrite(pin,n5[pin-4]);
  }
  delay(1000);

  //显示数字 6
 int n6[8]={1,0,1,1,1,1,1,0};
  //4～11 号数字端口依次按数组 n6[8]中的数据显示
  for(int pin = 4; pin <= 11 ; pin++){
 digitalWrite(pin,n6[pin-4]);
  }
  delay(1000);

  //显示数字 7
 int n7[8]={1,1,1,0,0,0,0,0};
 // 4～11 号数字端口依次按数组 n7[8]中的数据显示
  for(int pin = 4; pin <= 11 ; pin++){
  digitalWrite(pin,n7[pin-4]);
  }
 delay(1000);
```

```
 //显示数字 8
 int n8[8]={1,1,1,1,1,1,1,0};
//4～11 号数字端口依次按数组 n8[8]中的数据显示
 for(int pin = 4; pin <= 11 ; pin++){
digitalWrite(pin,n8[pin-4]);
 }
delay(1000);

 //显示数字 9
 int n9[8]={1,1,1,1,0,1,1,0};
 //4～11 号数字端口依次按数组 n9[8]中的数据显示
for(int pin = 4; pin <= 11 ; pin++){
 digitalWrite(pin,n9[pin-4]);
 }
 delay(1000);
 }
```

**2．采用二维数组实现数码管的静态显示**

采用二维数组实现数码管依次循环显示数字，首先要定义一个 10 行 8 列的二维数组，数组的每一行对应表 2-9-3 中的数字显示编码。还要自定义一个 digital()函数，主要功能是为对应端口写入状态值。

将 4～11 号端口都设为 OUTPUT 模式，初始化为 LOW。

主函数采用一个 for 循环调用 digital()函数分别显示数字 0～9。

Arduino 程序代码如下：

```
int a[10][8]=
{{1,1,1,1,1,1,0,0},
{0,1,1,0,0,0,0,0},
{1,1,0,1,1,0,1,0},
{1,1,1,1,0,0,1,0},
{0,1,1,0,0,1,1,0},
{1,0,1,1,0,1,1,0},
{1,0,1,1,1,1,1,0},
{1,1,1,0,0,0,0,0},
{1,1,1,1,1,1,1,0},
{1,1,1,1,0,1,1,0},
};

void setup() {
for(int i=4;i<=11;i++)
{pinMode(i,OUTPUT);
digitalWrite(i, LOW);}
}

void digital(int v)
{
   for(int i=4;i<=11;i++)
   {digitalWrite(i,a[v][i-4]);}
   }
```

```
void loop( )
{
for(int j=0;j<=9;j++)
{digital(j);delay(1000);}
}
```

## 练一练

利用一个八段数码管依次循环显示数字 9～0，每两个数字显示时间间隔为 1 秒。请设计数码管的连接电路，编写程序并调试运行。

# 环节三

# 分析计划

经过一系列知识的学习和技能的训练，以及信息资讯的收集，本环节将对任务进行认真分析，并形成简易计划书。简易计划书由鱼骨图（图 3-0-1）和“人料机法环”一览表（表 3-0-1）组成。

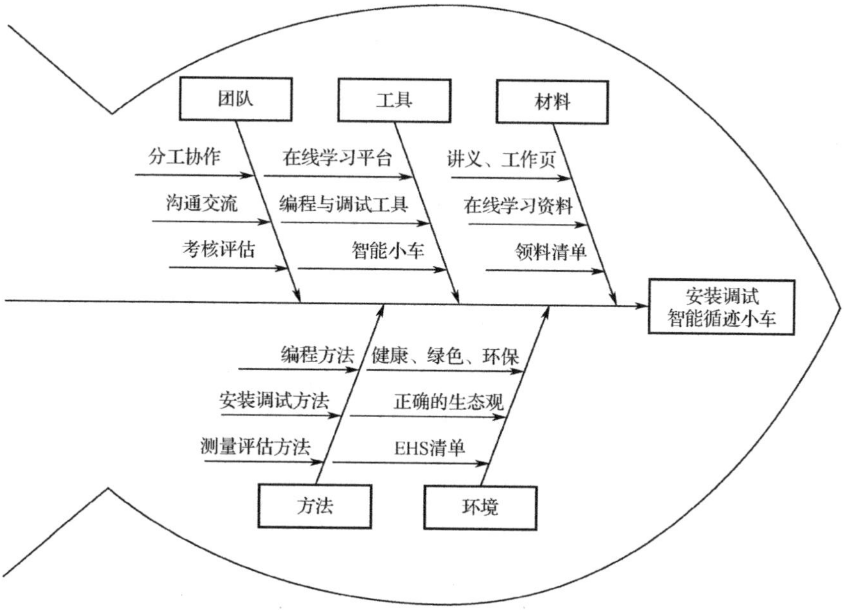


图 3-0-1　鱼骨图

**表 3-0-1　“人料机法环”一览表**

<table>
<tr><td colspan="2">人员/客户</td></tr>
<tr><td colspan="2">教师发布如下任务：<br>● 完成智能小车的组装<br>● 编写程序，使智能小车能够按照指定的路径运动并能躲避障碍物</td></tr>
<tr><td>材　料</td><td>机器/工具</td></tr>
<tr><td>● 讲义、工作页<br>● 在线学习资料<br>● 材料图板<br>● 领料清单（看板教学的卡片）</td><td>● 准备需要的工具和机器装备<br>● 在线学习平台<br>● 工具清单（看板教学的卡片）</td></tr>
</table>

续表

| 方法 | 环境（安全、健康） |
| --- | --- |
| ● 确定合理的编程与调试流程<br>● 选择1～3种方法（工艺、流程） | ● 绿色、环保的社会责任<br>● 可持续发展的理念<br>● 正确的生态观<br>● EHS清单（看板教学的卡片） |

# 环节四

# 任务实施

## 1．任务实施前

完成任务管理表（表 4-0-1），全面核查人员分工、材料、工具是否到位，确认任务流程和实施方法，熟悉操作要领。

表 4-0-1　任务管理表

| 序　　号 | 一级任务 | 二级任务 | 参加人 | 任务时间计划 | | | 时　　间 |
|---|---|---|---|---|---|---|---|
| | | | | 开始时间 | 完成时间 | 时长 | 月、周、日、小时 |
| | | | | | | | |
| | | | | | | | |
| | | | | | | | |
| | | | | | | | |
| | | | | | | | |
| | | | | | | | |
| | | | | | | | |
| | | | | | | | |
| | | | | | | | |
| | | | | | | | |
| | | | | | | | |
| | | | | | | | |
| | | | | | | | |
| | | | | | | | |
| | | | | | | | |
| | | | | | | | |

## 2．任务实施中

在任务实施过程中，严格落实 EHS 的各项规程，填写表 4-0-2。

表 4-0-2　EHS 落实追踪表

| | 通用要素摘要 | 本次任务要求 | 落 实 评 价 |
|---|---|---|---|
| 环境 | 评估任务对环境的影响 | | |
| | 减少排放与有害材料 | | |

续表

| | 通用要素摘要 | 本次任务要求 | 落 实 评 价 |
|---|---|---|---|
| 环境 | 确保环保 | | |
| | 5S 达标 | | |
| | | | |
| | | | |
| | | | |
| 健康 | 配备个人劳保用具 | | |
| | 分析工业卫生和职业危害 | | |
| | 优化人机工程 | | |
| | 了解简易急救方法 | | |
| | | | |
| | | | |
| | | | |
| 安全 | 安全教育 | | |
| | 危险分析与对策 | | |
| | 危险品（化学品）注意事项 | | |
| | 防火、逃生意识 | | |
| | | | |

### 3．任务实施后

在任务实施结束后，严格按照 5S 要求进行收尾工作。

# 环节五

# 检验评估

## 1. 任务检验

检验任务成果，记录相关数据，完成检验报告（表 5-0-1）。

表 5-0-1　检验报告

| 序　号 | 检验（测试）项目 | 记 录 数 据 | 是 否 合 格 |
|---|---|---|---|
| | | | 合格（　　）/不合格（　　） |
| | | | 合格（　　）/不合格（　　） |
| | | | 合格（　　）/不合格（　　） |
| | | | 合格（　　）/不合格（　　） |
| | | | 合格（　　）/不合格（　　） |
| | | | 合格（　　）/不合格（　　） |
| | | | 合格（　　）/不合格（　　） |
| | | | 合格（　　）/不合格（　　） |
| | | | 合格（　　）/不合格（　　） |
| | | | 合格（　　）/不合格（　　） |
| | | | 合格（　　）/不合格（　　） |

## 2. 教学评价

利用融课堂评价系统进行教学评价。

# 附录A

# 任务单

| 项目名称：<br>智能小车C语言程序控制 | 微课资源： | 任课教师： | 班级：<br>小组： |
|---|---|---|---|
| 任务名称：<br>安装调试智能循迹小车 | 讲义页码： | 学生姓名： | 日期： |

环节一　情境描述

1．上网查阅相关资料，观看智能小车的比赛视频，了解智能小车的主要功能并记录下来。

2．本任务的具体要求是什么？

| 完成时间： | 评估：理论知识　实操能力　社会能力　独立能力 |
|---|---|

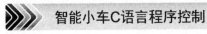

| 项目名称：<br>智能小车 C 语言程序控制 | 微课资源： | 任课教师： | 班级：<br>小组： |
| --- | --- | --- | --- |
| 任务名称：<br>安装调试智能循迹小车 | 讲义页码： | 学生姓名： | 日期： |

环节二 信息收集

一、初识智能小车

1．查阅相关资料，了解智能小车的基本结构与发展趋势。

2．查阅相关资料，了解红外传感器、超声波传感器的基本原理及相关应用。

3．列出本项目中智能小车所使用的传感器，以及各传感器实现的功能。

| | |
| --- | --- |
| 完成时间： | 评估：理论知识 实操能力 社会能力 独立能力 |

| 项目名称：<br>智能小车C语言程序控制 | 微课资源： | 任课教师： | 班级：<br>小组： |
| --- | --- | --- | --- |
| 任务名称：<br>安装调试智能循迹小车 | 讲义页码： | 学生姓名： | 日期： |

4．查阅资料，了解 Arduino 的发展历史与发展趋势。

5．写出 Arduino 的开发过程和基本硬件组成。

| 完成时间： | 评估：理论知识　实操能力　社会能力　独立能力 |
| --- | --- |

| 项目名称：<br>智能小车C语言程序控制 | 微课资源： | 任课教师： | 班级：<br>小组： |
|---|---|---|---|
| 任务名称：<br>安装调试智能循迹小车 | 讲义页码： | 学生姓名： | 日期： |

6．将全班学生分为五个项目小组，按照下表填写组员信息，并按照如下流程进行智能小车的组装实验。

| 组别 \ 姓名 | | | | | | | | |
|---|---|---|---|---|---|---|---|---|
| 1 | | | | | | | | |
| 2 | | | | | | | | |
| 3 | | | | | | | | |
| 4 | | | | | | | | |
| 5 | | | | | | | | |

准备工具
↓
安装小车底盘（把紧固件插入小车底盘）
↓
安装码盘，固定电机
↓
固定电池盒
↓
安装轮胎、万向轮
↓
安装Arduino UNO R3开发板
↓
穿接引线
↓
固定面包板和L298N驱动芯片
↓
固定超声波模块
↓
安装电池
↓
完成安装

| 完成时间： | 评估：理论知识　实操能力　社会能力　独立能力 |
|---|---|

| 项目名称：<br>智能小车C语言程序控制 | 微课资源： | 任课教师： | 班级：<br>小组： |
|---|---|---|---|
| 任务名称：<br>安装调试智能循迹小车 | 讲义页码： | 学生姓名： | 日期： |

7．说明智能小车执行器部分实现的具体功能。

8．查阅相关资料，对H桥电路原理和PWM调制方法进行补充和完善。

9．列举实现循迹功能的其他方法。

10．列举实现避障功能的其他方法。

| 完成时间： | 评估：理论知识　实操能力　社会能力　独立能力 |
|---|---|

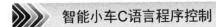

| 项目名称：<br>智能小车 C 语言程序控制 | 微课资源： | 任课教师： | 班级：<br>小组： |
|---|---|---|---|
| 任务名称：<br>安装调试智能循迹小车 | 讲义页码： | 学生姓名： | 日期： |

二、集成开发环境介绍

1．在 Windows 系统上安装 Arduino IDE。

（Arduino IDE 的官方下载地址为 http://arduino.cc/en/Main/Software）

2．熟悉 Arduino IDE 操作界面。

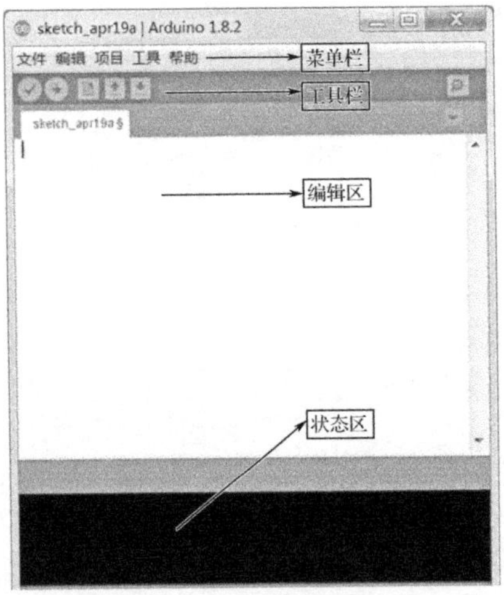


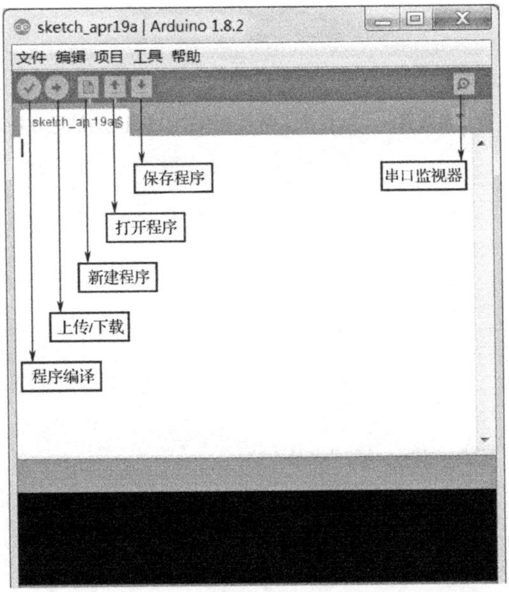


3．打开 Arduino IDE，新建一个 sketch，利用 Arduino IDE 自带的 Blink 程序控制开发板上的 LED 闪烁，并修改参数调整闪烁时间。该程序的打开方法和详细内容如下图所示。

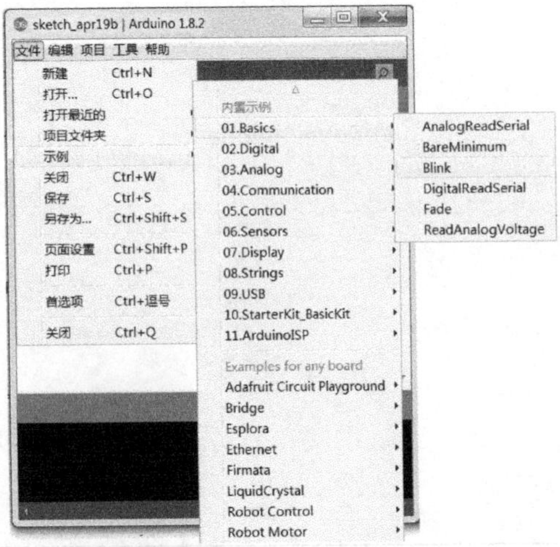


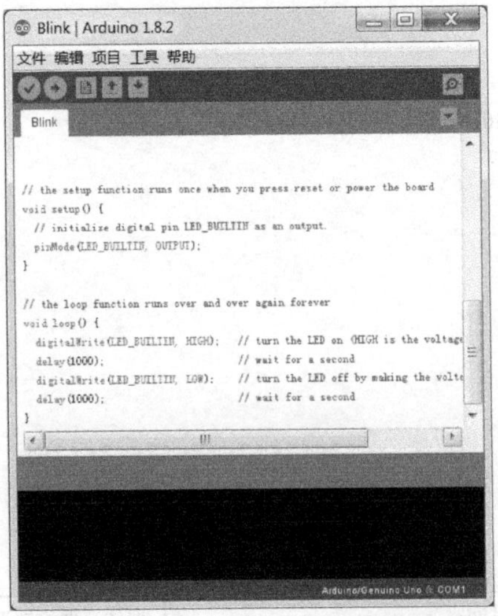


| 完成时间： | 评估：理论知识　实操能力　社会能力　独立能力 |
|---|---|

| 项目名称：智能小车 C 语言程序控制 | 微课资源： | 任课教师： | 班级：<br>小组： |
| --- | --- | --- | --- |
| 任务名称：安装调试智能循迹小车 | 讲义页码： | 学生姓名： | 日期： |

4．学习安装图形化编程软件 Mixly，安装完成后界面如下图所示。

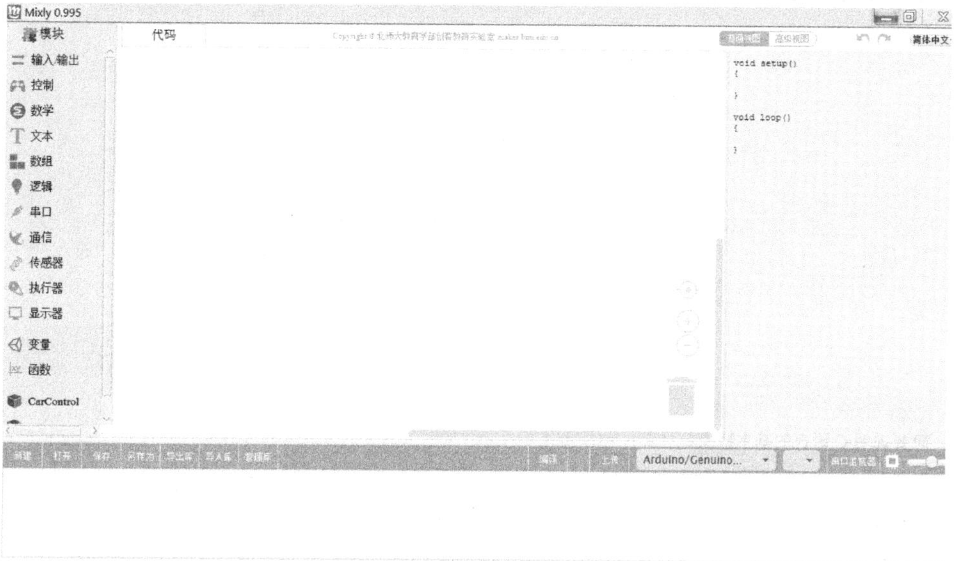


5．练习安装 Dev-C++开发环境，安装完成后界面如下图所示。

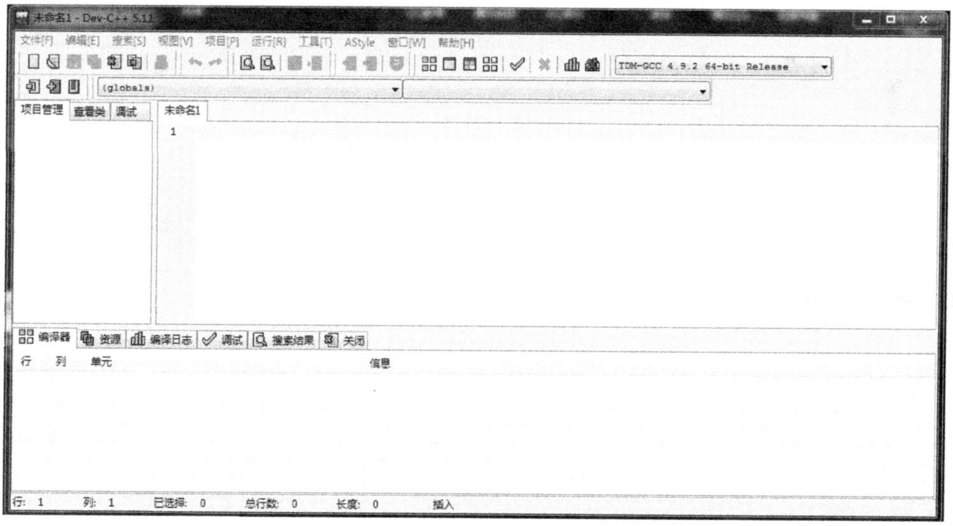


6．比较几种 C 语言开发环境的优缺点（Arduino IDE、Dev-C++、Visual Studio 及 Turbo C）。

| 完成时间： | 评估：理论知识 实操能力 社会能力 独立能力 |
| --- | --- |

| 项目名称：<br>智能小车C语言程序控制 | 微课资源： | 任课教师： | 班级：<br>小组： |
|---|---|---|---|
| 任务名称：<br>安装调试智能循迹小车 | 讲义页码： | 学生姓名： | 日期： |

三、初识C语言

1. 查阅相关资料，了解C语言的产生与发展过程。

2. 简要说明C语言的基本特点。

3. 掌握C语言的基本框架。

| 完成时间： | 评估：理论知识　实操能力　社会能力　独立能力 |
|---|---|

| 项目名称：智能小车C语言程序控制 | 微课资源： | 任课教师： | 班级：<br>小组： |
| --- | --- | --- | --- |
| 任务名称：安装调试智能循迹小车 | 讲义页码： | 学生姓名： | 日期： |

4．选择 Dev-C++，将下列程序输入开发环境中，观察运行结果。

（1）第一个程序“Hello, World!”。

```
#include <stdio.h>
int main()
{
printf("Hello,World! \n");
}
```

（2）求两个数中的大数。

```
#include <stdio.h>
int max(int x, int y)
{
    int   z ;
    if (x>y) z = x; else z = y;
    return (z);
}
main( )
{
    int a,b,c;
    printf("请输入两个整数: ");
scanf("%d, %d",&a,&b);
    c = max(a,b);
    printf("%d ,%d 中的大数为：%d\n\n\n",a,b,c);
}
```

（3）计算并输出一个数的平方。

```
#include <stdio.h>
main()
{
    float   a,b;
    a=2.8;
    b=a*a;
    printf("%f\n",b);
}
```

| 完成时间： | 评估：理论知识　实操能力　社会能力　独立能力 |
| --- | --- |

| 项目名称：智能小车C语言程序控制 | 微课资源： | 任课教师： | 班级：<br>小组： |
|---|---|---|---|
| 任务名称：安装调试智能循迹小车 | 讲义页码： | 学生姓名： | 日期： |

四、点亮一个LED

1．各小组推荐一人讲述C语言的数据类型有哪些。

2．在例4-1-1中，a、b、c是常量还是变量？'A'又是什么？本例中的a和'A'有什么区别？

3．简述C语言标识符的命名规则，说明一下M.D.john、$123、#33、3d64为什么是不合法的标识符。

| 完成时间： | 评估：理论知识　实操能力　社会能力　独立能力 |
|---|---|

| 项目名称：<br>智能小车C语言程序控制 | 微课资源： | 任课教师： | 班级：<br>小组： |
| --- | --- | --- | --- |
| 任务名称：<br>安装调试智能循迹小车 | 讲义页码： | 学生姓名： | 日期： |

4．完成下列任务。

（1）输入如下程序，在Dev-C++中调试并运行，观察运行结果。

```
#include <stdio.h>
int main()
{
    int a,b,c;               //定义 a、b、c 为整型变量
    a=3276;
    b=3;
    c=a+b;
    printf("c=%d",c);        //按整型格式输出变量 c 的值
}
```

（2）修改上述程序，将a的值改为一个较大的数，b的值改为一个负数，看程序能否计算出正确的结果。

（3）若两个数较大，其和超出了int型数据的取值范围，程序应如何修改？

（4）unsigned型数据可能会应用在什么情景的程序设计中？

| 完成时间： | 评估：理论知识　实操能力　社会能力　独立能力 |
| --- | --- |

| 项目名称：<br>智能小车C语言程序控制 | 微课资源： | 任课教师： | 班级：<br>小组： |
|---|---|---|---|
| 任务名称：<br>安装调试智能循迹小车 | 讲义页码： | 学生姓名： | 日期： |

5．完成下列任务。

（1）输入如下程序，在Dev-C++中调试并运行，观察运行结果。

```
#include <stdio.h>
#define PI 3.1416/*  定义符号常量 PI */
main()
{
        float r,c,s;
        printf("请输入半径的值：");
        scanf("%f",&r);
        c=2*PI*r;/*  编译时用 3.1416 替换 PI */
        s=PI*r*r;
      printf("c=%f,s=%f",c,s);
}
```

（2）本例中r是什么类型的变量？给r输入数据时有什么要求？

（3）尝试修改上述程序，输入圆环的外环半径R和内环半径r，输出圆环面积。

| 完成时间 | 评估：理论知识　实操能力　社会能力　独立能力 |
|---|---|

| 项目名称：<br>智能小车C语言程序控制 | 微课资源： | 任课教师： | 班级：<br>小组： |
| --- | --- | --- | --- |
| 任务名称：<br>安装调试智能循迹小车 | 讲义页码： | 学生姓名： | 日期： |

6．用面包板搭建一个LED电路，要求采用USB线作为供电线，用充电宝作为供电电源。

（1）列出所需元器件清单。

（2）画出电路图。

（3）搭建电路，使LED点亮。

（4）点亮一个LED的条件有哪些？用控制系统点亮LED有什么意义？

| 完成时间： | 评估：理论知识　实操能力　社会能力　独立能力 |
| --- | --- |

| 项目名称：<br>智能小车 C 语言程序控制 | 微课资源： | 任课教师： | 班级：<br>小组： |
|---|---|---|---|
| 任务名称：<br>安装调试智能循迹小车 | 讲义页码： | 学生姓名： | 日期： |

7．参考下图连接电路，在 Arduino 中输入程序，下载运行，观察运行结果。

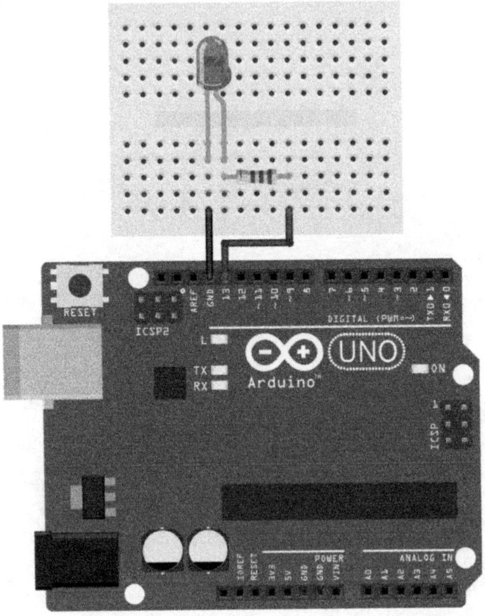

程序代码如下：

```
int led = 13;                    // 定义引脚号，数字类型为整型
void setup()
{
pinMode(led, OUTPUT);
     // pinMode()函数是 Arduino 类库提供的系统函数
     // 调用时需要传入两个参数
     // 一个是引脚号，另一个是引脚状态
}
void loop()      // 系统调用，一直循环运行下去
{
     digitalWrite(led, HIGH);
     // 向 13 号引脚输出高电压
     // 此值可以点亮 LED
     // digitalWrite()也是 Arduino 类库提供的系统函数
     // 调用时需要传入两个参数
     // 一个是引脚号，另一个是引脚状态
}
```

| 完成时间： | 评估：理论知识　实操能力　社会能力　独立能力 |
|---|---|

| 项目名称：<br>智能小车C语言程序控制 | 微课资源： | 任课教师： | 班级：<br>小组： |
| --- | --- | --- | --- |
| 任务名称：<br>安装调试智能循迹小车 | 讲义页码： | 学生姓名： | 日期： |

8．如何使LED闪烁？

参考程序如下：

```
void setup()
{
  pinMode(13,OUTPUT);              //将 13 号引脚设置为输出引脚
}

void loop()                        //系统调用，一直循环运行下去
{
  digitalWrite(13,HIGH);           //13 号引脚输出高电平，即将 LED 点亮
  delay(1000);                     //延时 1 秒
  digitalWrite(13,LOW);            //13 号引脚输出低电平，即将 LED 熄灭
  delay(1000);                     //延时 1 秒
}
```

（1）在Arduino中输入程序，下载运行，观察运行结果。

（2）修改程序，改变LED闪烁频率，使LED闪烁变快或变慢。

| 完成时间： | 评估：理论知识　实操能力　社会能力　独立能力 |
| --- | --- |

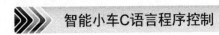

| 项目名称：<br>智能小车 C 语言程序控制 | 微课资源： | 任课教师： | 班级：<br>小组： |
| --- | --- | --- | --- |
| 任务名称：<br>安装调试智能循迹小车 | 讲义页码： | 学生姓名： | 日期： |

9. 在 Arduino 中输入程序，下载运行，观察运行结果。

```
void setup()
{
  pinMode(LED_BUILTIN, OUTPUT);
}
void loop()
{
  digitalWrite(LED_BUILTIN, HIGH);
  delay(1000);
  digitalWrite(LED_BUILTIN, LOW);
  delay(1000);
}
```

| 完成时间： | 评估：理论知识　实操能力　社会能力　独立能力 |
| --- | --- |

| 项目名称：<br>智能小车C语言程序控制 | 微课资源： | 任课教师： | 班级：<br>小组： |
| --- | --- | --- | --- |
| 任务名称：<br>安装调试智能循迹小车 | 讲义页码： | 学生姓名： | 日期： |

五、制作模拟交通灯

1．上网查阅资料，了解交通灯的功能和运行规律，说一说交通灯是如何控制车流的。

2．用面包板制作一个可以用按键控制亮灭的LED电路。

3．如何在Arduino系统中通过一个按键控制LED的亮灭？

| 完成时间： | 评估：理论知识 实操能力 社会能力 独立能力 |
| --- | --- |

| 项目名称：<br>智能小车 C 语言程序控制 | 微课资源： | 任课教师： | 班级：<br>小组： |
|---|---|---|---|
| 任务名称：<br>安装调试智能循迹小车 | 讲义页码： | 学生姓名： | 日期： |

4．输入如下程序，在 Dev-C++中调试并运行，观察运行结果，看结果与自己的分析是否一致。

```
#include <stdio.h>
main()
  {
   int a=6,b=8,c=2,x;
   x=a;
   printf(" x=%d\n",x);
   x+=a;
   printf(" x=%d\n",x);
   x*=b+c;
   printf(" x=%d\n",x);
  }
```

5．什么是余数？举一个日常生活中用到余数的例子，思考如何用运算表达式表示。

6．小游戏：四个人一组，站立表示 1，蹲下表示 0，结合逻辑运算简单口诀，演示一下逻辑运算。例如，甲说“与”，乙和丙随机选择站立或蹲下，丁根据运算结果做出站立或蹲下动作，由其他人评判丁的动作是否正确。互换角色，多进行几轮。

| 完成时间： | 评估：理论知识　实操能力　社会能力　独立能力 |
|---|---|

| 项目名称：<br>智能小车C语言程序控制 | 微课资源： | 任课教师： | 班级：<br>小组： |
| --- | --- | --- | --- |
| 任务名称：<br>安装调试智能循迹小车 | 讲义页码： | 学生姓名： | 日期： |

7．完成下列任务。

（1）学习条件表达式的应用，尝试编写一个程序求两个整数中哪个数较小。

（2）编程求三个整数中的最小值。

（3）用条件表达式判断字符量 ch 是不是大写字母。

| 完成时间 | 评估：理论知识　实操能力　社会能力　独立能力 |
| --- | --- |

| 项目名称：<br>智能小车C语言程序控制 | 微课资源： | 任课教师： | 班级：<br>小组： |
| --- | --- | --- | --- |
| 任务名称：<br>安装调试智能循迹小车 | 讲义页码： | 学生姓名： | 日期： |

8．了解printf()函数的用法，修改以下程序，使输出结果保留4位小数。

```
#include <stdio.h>
#define PI 3.1416/*  定义符号常量 PI */
main()
{
        float r,c,s;
        printf("请输入半径的值：");
        scanf("%f",&r);
        c=2*PI*r;/*  编译时用 3.1416 替换 PI */
        s=PI*r*r;
        printf("c=%f,s=%f",c,s);
}
```

9．小游戏：准备三个透明杯子，杯子甲装蓝色液体，杯子乙装红色液体，演示如何通过杯子丙使另外两个杯子里的液体互换。

| 完成时间： | 评估：理论知识　实操能力　社会能力　独立能力 |
| --- | --- |

| 项目名称：<br>智能小车C语言程序控制 | 微课资源： | 任课教师： | 班级：<br>小组： |
|---|---|---|---|
| 任务名称：<br>安装调试智能循迹小车 | 讲义页码： | 学生姓名： | 日期： |

10．完成以下任务。

（1）参考下图连接电路，在Arduino中输入程序，下载运行，观察运行结果。

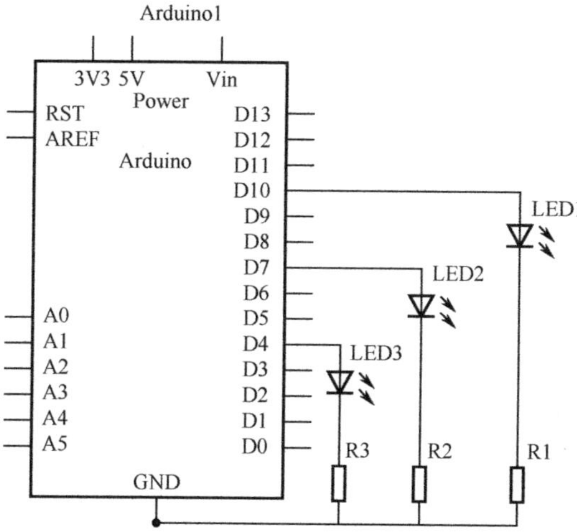


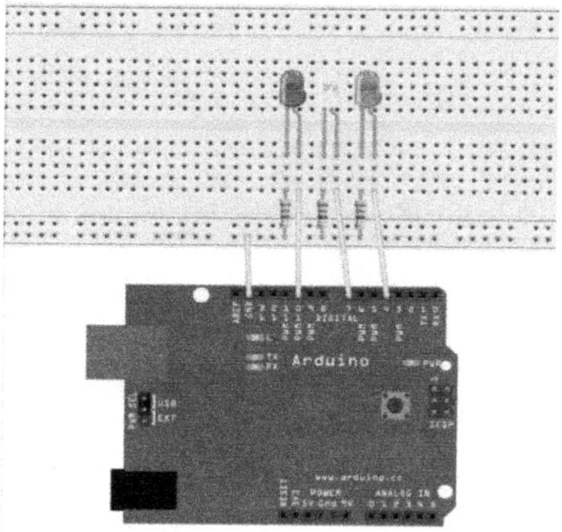

程序代码如下：

```
int redled =10;                        //定义 10 号数字接口
int yellowled =7;                      //定义 7 号数字接口
int greenled =4;                       //定义 4 号数字接口
void setup()
{
pinMode(redled, OUTPUT);               //定义红色 LED 接口为输出接口
pinMode(yellowled, OUTPUT);            //定义黄色 LED 接口为输出接口
pinMode(greenled, OUTPUT);             //定义绿色 LED 接口为输出接口
}
void loop()
{
digitalWrite(redled, HIGH);            //点亮红色 LED
delay(1000);                           //延时 1 秒
digitalWrite(redled, LOW);             //熄灭红色 LED
digitalWrite(yellowled, HIGH);         //点亮黄色 LED
delay(200);                            //延时 0.2 秒
digitalWrite(yellowled, LOW);          //熄灭黄色 LED
digitalWrite(greenled, HIGH);          //点亮绿色 LED
delay(1000);                           //延时 1 秒
digitalWrite(greenled, LOW);           //熄灭绿色 LED
}
```

| 完成时间： | 评估：理论知识　实操能力　社会能力　独立能力 |
|---|---|

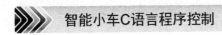

| 项目名称：<br>智能小车 C 语言程序控制 | 微课资源： | 任课教师： | 班级：<br>小组： |
|---|---|---|---|
| 任务名称：<br>安装调试智能循迹小车 | 讲义页码： | 学生姓名： | 日期： |

（2）增加 3 个 LED，模拟对面路口的交通灯，想一想如何连接电路，以及是否需要修改程序。

（3）再增加 6 个 LED，模拟十字路口另外一条路两个方向上的交通灯，先搭建电路，再修改程序，完成十字路口交通灯的模拟制作。

| 完成时间： | 评估：理论知识　实操能力　社会能力　独立能力 |
|---|---|

<table>
<tr><td>项目名称：<br>智能小车C语言程序控制</td><td>微课资源：</td><td>任课教师：</td><td>班级：<br>小组：</td></tr>
<tr><td>任务名称：<br>安装调试智能循迹小车</td><td>讲义页码：</td><td>学生姓名：</td><td>日期：</td></tr>
</table>

六、制作小夜灯

1．if语句是最常用的选择语句，请列出书中介绍的几种if语句选择结构，并写出其语法格式。

| if语句选择结构名称 | 语法格式 |
|---|---|
| | |
| | |
| | |
| | |

| 完成时间： | 评估：理论知识　实操能力　社会能力　独立能力 |
|---|---|

| 项目名称：<br>智能小车 C 语言程序控制 | 微课资源： | 任课教师： | 班级：<br>小组： |
|---|---|---|---|
| 任务名称：<br>安装调试智能循迹小车 | 讲义页码： | 学生姓名： | 日期： |

2．编译并运行例 6-1-1、例 6-1-2、例 6-1-3 中的代码，将运行结果记录在下表中。

| 例题序号 | 运行结果 | 程序流程图 |
|---|---|---|
| 6-1-1 | | |
| 6-1-2 | | |
| 6-1-3 | | |

| 完成时间 | 评估：理论知识　实操能力　社会能力　独立能力 |
|---|---|

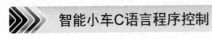

<table>
<tr><td>项目名称：<br>智能小车C语言程序控制</td><td>微课资源：</td><td>任课教师：</td><td>班级：<br>小组：</td></tr>
<tr><td>任务名称：<br>安装调试智能循迹小车</td><td>讲义页码：</td><td>学生姓名：</td><td>日期：</td></tr>
<tr><td colspan="4">3．输入一个字符，判断它是否为大写字母，若是则将其转换成小写字母，若不是则不转换，最后输出得到的字符。请将程序及运行结果写在下方空白处。</td></tr>
</table>

| | |
|---|---|
| 完成时间 | 评估：理论知识　实操能力　社会能力　独立能力 |

| 项目名称：<br>智能小车 C 语言程序控制 | 微课资源： | 任课教师： | 班级：<br>小组： |
|---|---|---|---|
| 任务名称：<br>安装调试智能循迹小车 | 讲义页码： | 学生姓名： | 日期： |

4．编译并运行例 6-1-4、例 6-1-5、例 6-1-6 中的代码，将运行结果记录在下表中。

| 例题序号 | 运行结果 | 程序流程图 |
|---|---|---|
| 6-1-4 | | |
| 6-1-5 | | |
| 6-1-6 | | |

| 完成时间 | 评估：理论知识　实操能力　社会能力　独立能力 |
|---|---|

| | | | |
|---|---|---|---|
| 项目名称：<br>智能小车C语言程序控制 | 微课资源： | 任课教师： | 班级：<br>小组： |
| 任务名称：<br>安装调试智能循迹小车 | 讲义页码： | 学生姓名： | 日期： |

5．请编写一个程序，从键盘输入一个整数，判断该数是否为偶数。请将程序及运行结果写在下方空白处。

| | |
|---|---|
| 完成时间 | 评估：理论知识　实操能力　社会能力　独立能力 |

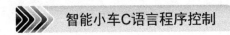

| 项目名称：<br>智能小车 C 语言程序控制 | 微课资源： | 任课教师： | 班级：<br>小组： |
|---|---|---|---|
| 任务名称：<br>安装调试智能循迹小车 | 讲义页码： | 学生姓名： | 日期： |

6．编译并运行例 6-1-7 和例 6-1-8 中的代码，将运行结果记录在下表中。

| 例题序号 | 运行结果 | 程序流程图 |
|---|---|---|
| 6-1-7 | | |
| 6-1-8 | | |

| 完成时间 | 评估：理论知识　实操能力　社会能力　独立能力 |
|---|---|

<table>
<tr><td>项目名称：<br>智能小车C语言程序控制</td><td>微课资源：</td><td>任课教师：</td><td>班级：<br>小组：</td></tr>
<tr><td>任务名称：<br>安装调试智能循迹小车</td><td>讲义页码：</td><td>学生姓名：</td><td>日期：</td></tr>
<tr><td colspan="4">7. 请编写一个程序，从键盘输入两个数 a 和 b，判断 a 与 b 的关系（大于、小于、等于）。请将程序及运行结果写在下方空白处。</td></tr>
<tr><td>完成时间</td><td colspan="3">评估：理论知识　实操能力　社会能力　独立能力</td></tr>
</table>

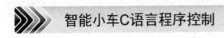

| 项目名称：<br>智能小车C语言程序控制 | 微课资源： | 任课教师： | 班级：<br>小组： |
|---|---|---|---|
| 任务名称：<br>安装调试智能循迹小车 | 讲义页码： | 学生姓名： | 日期： |

8．编译并运行例6-1-9和例6-1-10中的代码，将运行结果记录在下表中。

| 例题序号 | 运行结果 | 程序流程图 |
|---|---|---|
| 6-1-9 | | |
| 6-1-10 | | |

| | |
|---|---|
| 完成时间 | 评估：理论知识　实操能力　社会能力　独立能力 |

| | | | |
|---|---|---|---|
| 项目名称：<br>智能小车C语言程序控制 | 微课资源： | 任课教师： | 班级：<br>小组： |
| 任务名称：<br>安装调试智能循迹小车 | 讲义页码： | 学生姓名： | 日期： |

9．编写一个程序实现从键盘输入一个整数，判断输入的整数是正整数、负整数还是零。请将程序及运行结果写在下方空白处。

| | |
|---|---|
| 完成时间 | 评估：理论知识　实操能力　社会能力　独立能力 |

| 项目名称：<br>智能小车 C 语言程序控制 | 微课资源： | 任课教师： | 班级：<br>小组： |
|---|---|---|---|
| 任务名称：<br>安装调试智能循迹小车 | 讲义页码： | 学生姓名： | 日期： |

10．请在下方空白处写出 switch 语句的语法格式。

11．编译并运行例 6-1-11 和例 6-1-12 中的代码，将运行结果记录在下表中。

| 例 题 序 号 | 运 行 结 果 | 程序流程图 |
|---|---|---|
| 6-1-11 | | |
| 6-1-12 | | |

| 完成时间 | 评估：理论知识　实操能力　社会能力　独立能力 |
|---|---|

| 项目名称：<br>智能小车 C 语言程序控制 | 微课资源： | 任课教师： | 班级：<br>小组： |
| --- | --- | --- | --- |
| 任务名称：<br>安装调试智能循迹小车 | 讲义页码： | 学生姓名： | 日期： |

12．请用 switch 语句编写一个程序，根据用户输入的驾照类型，输出他可以驾驶的车辆类型。提示：驾照类型与准驾车型对照表如下所示。

| 驾 照 类 型 | 准 驾 车 型 |
| --- | --- |
| A1 | 大型客车 |
| A2 | 牵引车 |
| A3 | 城市公交车 |
| B1 | 中型客车 |
| B2 | 大型货车 |
| C1 | 小型汽车 |
| C2 | 小型自动挡汽车 |

| 完成时间 | 评估：理论知识　实操能力　社会能力　独立能力 |
| --- | --- |

| 项目名称：<br>智能小车 C 语言程序控制 | 微课资源： | 任课教师： | 班级：<br>小组： |
| --- | --- | --- | --- |
| 任务名称：<br>安装调试智能循迹小车 | 讲义页码： | 学生姓名： | 日期： |

13．完成 6.2.1、6.2.2、6.2.3 节中的三个相关案例，观察实验现象，并记录实验中遇到的问题。

| 完成时间 | 评估：理论知识　实操能力　社会能力　独立能力 |
| --- | --- |

| 项目名称：<br>智能小车C语言程序控制 | 微课资源： | 任课教师： | 班级：<br>小组： |
|---|---|---|---|
| 任务名称：<br>安装调试智能循迹小车 | 讲义页码： | 学生姓名： | 日期： |

14．完成智能小车（走黑线）红外循迹实验。当左边的红外传感器检测到黑线时，小车向左行驶；当右边的红外传感器检测到黑线时，小车向右行驶；最终实现小车沿黑线行驶。

（1）以小组为单位上网搜集智能小车红外循迹相关资料，并填写下表。

| 红外传感器工作原理 | 什么是红外探测法 | 红外循迹原理 |
|---|---|---|
| | | |

（2）参考硬件。

将红外循迹模块连接到Arduino开发板上的红外循迹接口。

实验器材：Arduino智能小车、红外循迹传感器等。

（3）参考程序请扫描下列二维码。

| 完成时间 | 评估：理论知识　实操能力　社会能力　独立能力 |
|---|---|

| | | | |
|---|---|---|---|
| 项目名称：<br>智能小车 C 语言程序控制 | 微课资源： | 任课教师： | 班级：<br>小组： |
| 任务名称：<br>安装调试智能循迹小车 | 讲义页码： | 学生姓名： | 日期： |

15．完成智能小车红外避障实验。

（1）以小组为单位上网搜集智能小车红外避障相关资料，并填写下表。

| 红外对管工作原理 | 红外避障模块基本原理 | 智能小车避障逻辑 |
|---|---|---|
| | | |

（2）参考硬件。

硬件搭建：在连接红外避障模块时，将右侧的连接到 12 号引脚，左侧的连接到 13 号引脚。

实验器材：HJduino 智能小车、红外传感器等。

（3）参考程序请扫描下列二维码。

| | |
|---|---|
| 完成时间 | 评估：理论知识　实操能力　社会能力　独立能力 |

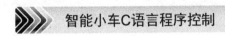

| 项目名称：<br>智能小车C语言程序控制 | 微课资源： | 任课教师： | 班级：<br>小组： |
| --- | --- | --- | --- |
| 任务名称：<br>安装调试智能循迹小车 | 讲义页码： | 学生姓名： | 日期： |

七、制作跑马灯

1．列出几种循环语句，并写出其语法格式。

| 循环语句 | 语法格式 |
| --- | --- |
| | |
| | |
| | |

2．参照例7-1-1，如果要求依次输出数字5到数字1，应该怎样修改程序？

| 完成时间 | 评估：理论知识　实操能力　社会能力　独立能力 |
| --- | --- |

| 项目名称：<br>智能小车 C 语言程序控制 | 微课资源： | 任课教师： | 班级：<br>小组： |
| --- | --- | --- | --- |
| 任务名称：<br>安装调试智能循迹小车 | 讲义页码： | 学生姓名： | 日期： |

3．如何避免 while 语句出现死循环。

4．请输入以下程序，并在 Dev-C++中调试运行，观察运行结果。

```
#include <stdio.h>
int main()
{
        int i=1;
        while(i<=100)
        {
                i*=2;
        }
        printf("%d\n",i);
        return 0;
}
```

5．请输入以下程序，并在 Dev-C++中调试运行，观察运行结果。

```
#include <stdio.h>
int main( )
{
        int a1=1;
        int a2=1;
        int a3;
        int n=3;
        do
        {
                a3=a1+a2;
                a1=a2;
                a2=a3;
                n++;
        }
        while(n<=10);
        printf("%d\n",a3);
        return 0;
}
```

| 完成时间 | 评估：理论知识　实操能力　社会能力　独立能力 |
| --- | --- |

| 项目名称：<br>智能小车C语言程序控制 | 微课资源： | 任课教师： | 班级：<br>小组： |
|---|---|---|---|
| 任务名称：<br>安装调试智能循迹小车 | 讲义页码： | 学生姓名： | 日期： |

6．使用循环嵌套输出二维图形时，内层循环用于控制行数还是列数？为什么？

7．什么时候使用 break 语句？请举例说明。

8．什么时候使用 continue 语句？请举例说明。

| 完成时间 | 评估：理论知识　实操能力　社会能力　独立能力 |
|---|---|

| 项目名称：<br>智能小车 C 语言程序控制 | 微课资源： | 任课教师： | 班级：<br>小组： |
|---|---|---|---|
| 任务名称：<br>安装调试智能循迹小车 | 讲义页码： | 学生姓名： | 日期： |

9．在 Arduino 平台中，0 和 1 以外的数字代表 true 还是 false？LOW 和 HIGH 代表 true 还是 false？

10．什么是上拉电阻？什么是下拉电阻？为什么要在电路中增加电阻？

11．如何使用按键控制多个跑马灯的切换？

12．利用串口编程时，如何判断接收到的字符串是否出现了误码？

| 完成时间 | 评估：理论知识　实操能力　社会能力　独立能力 |
|---|---|

| 项目名称：<br>智能小车C语言程序控制 | 微课资源： | 任课教师： | 班级：<br>小组： |
|---|---|---|---|
| 任务名称：<br>安装调试智能循迹小车 | 讲义页码： | 学生姓名： | 日期： |

八、智能小车综合 PWM 控制

1．查阅资料，了解 PWM 控制电机调速的原理。

2．Arduino 开发板上的 3 号、5 号、6 号、9 号、10 号、11 号引脚可以输出 PWM 信号，使用 3 号、5 号引脚作为智能小车的 PWM 引脚。请使用 Mixly 软件按照下图所示设计数字输出引脚和模拟输出引脚。

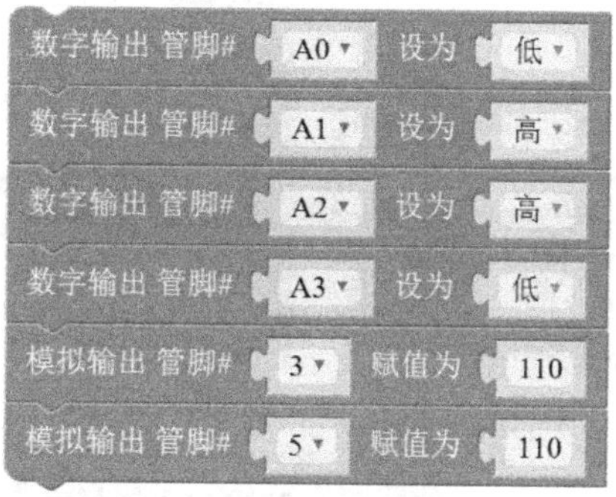


3．按上面的设计编写程序并烧录到 Arduino 开发板中，观察智能小车轮子的转动情况。

4．请使用 Arduino IDE 1.8.5 版本编写如下源程序，并烧录进开发板中，观察智能小车的运行情况。

```
void setup(){
    }
void loop(){
    pinMode(A0,OUTPUT);
    digitalWrite(A0,LOW);
    pinMode(A1,OUTPUT);
    digitalWrite(A1,HIGH);
    pinMode(A2,OUTPUT);
    digitalWrite(A2,HIGH);
    pinMode(A3,OUTPUT);
    digitalWrite(A3,LOW);
analogWrite(3,110);
    analogWrite(5,110);
}
```

5．请分别在模拟输出引脚上输入 0～255，测试一下电机的转速，并记录结果。

| 完成时间： | 评估：理论知识　实操能力　社会能力　独立能力 |
|---|---|

| 项目名称：智能小车 C 语言程序控制 | 微课资源： | 任课教师： | 班级：<br>小组： |
|---|---|---|---|
| 任务名称：安装调试智能循迹小车 | 讲义页码： | 学生姓名： | 日期： |

6．请使用 Mixly 软件按照下图所示设计程序，控制智能小车前进、后退、左转、右转和停止。

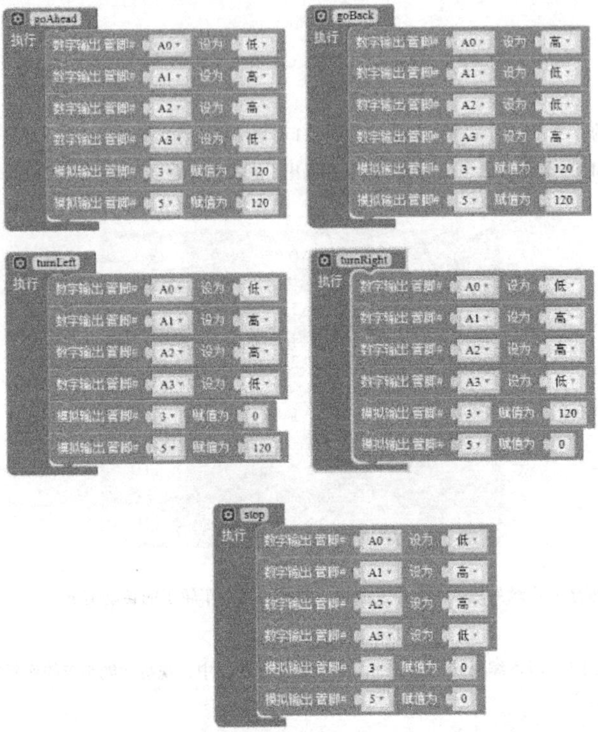


7．按照下图利用 Mixly 软件设计 loop()函数。

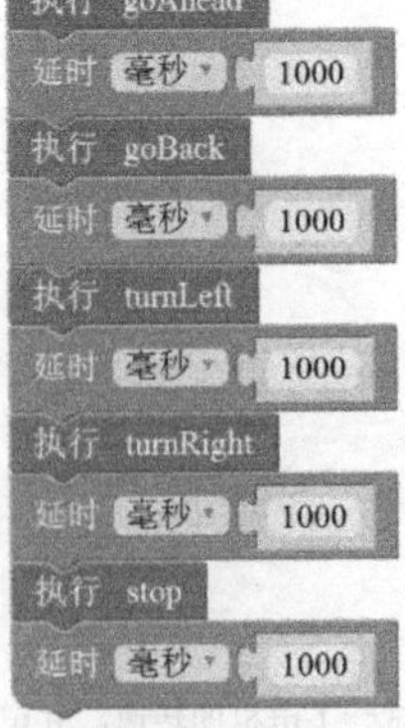


8．将上面的程序烧录到 Arduino 开发板中，观察智能小车轮子的转动情况。

| 完成时间 | 评估：理论知识　实操能力　社会能力　独立能力 |
|---|---|

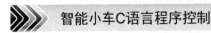

| 项目名称：<br>智能小车C语言程序控制 | 微课资源： | 任课教师： | 班级：<br>小组： |
|---|---|---|---|
| 任务名称：<br>安装调试智能循迹小车 | 讲义页码： | 学生姓名： | 日期： |

9．请使用 Arduino IDE 1.8.5 版本编写如下源程序，并烧录进开发板中，观察智能小车的运行情况。

```
void goAhead() {
  pinMode(A0, OUTPUT);
  digitalWrite(A0,LOW);
  pinMode(A1, OUTPUT);
  digitalWrite(A1,HIGH);
  pinMode(A2, OUTPUT);
  digitalWrite(A2,HIGH);
  pinMode(A3, OUTPUT);
  digitalWrite(A3,LOW);
  analogWrite(3,120);
  analogWrite(5,120);
}
void goBack() {
  pinMode(A0, OUTPUT);
  digitalWrite(A0,HIGH);
  pinMode(A1, OUTPUT);
  digitalWrite(A1,LOW);
  pinMode(A2, OUTPUT);
  digitalWrite(A2,LOW);
  pinMode(A3, OUTPUT);
  digitalWrite(A3,HIGH);
  analogWrite(3,120);
  analogWrite(5,120);
}
void turnLeft() {
  pinMode(A0, OUTPUT);
  digitalWrite(A0,LOW);
  pinMode(A1, OUTPUT);
  digitalWrite(A1,HIGH);
  pinMode(A2, OUTPUT);
  digitalWrite(A2,HIGH);
  pinMode(A3, OUTPUT);
  digitalWrite(A3,LOW);
  analogWrite(3,0);
  analogWrite(5,120);
}
void turnRight() {
  pinMode(A0, OUTPUT);
  digitalWrite(A0,LOW);
```

| 完成时间 | 评估：理论知识　实操能力　社会能力　独立能力 |
|---|---|

<table>
<tr><td>项目名称：<br>智能小车 C 语言程序控制</td><td>微课资源：</td><td>任课教师：</td><td>班级：<br>小组：</td></tr>
<tr><td>任务名称：<br>安装调试智能循迹小车</td><td>讲义页码：</td><td>学生姓名：</td><td>日期：</td></tr>
</table>

```
    pinMode(A1, OUTPUT);
    digitalWrite(A1,HIGH);
  pinMode(A2, OUTPUT);
    digitalWrite(A2,HIGH);
    pinMode(A3, OUTPUT);
    digitalWrite(A3,LOW);
    analogWrite(3,120);
    analogWrite(5,0);
  }
  void stop() {
    pinMode(A0, OUTPUT);
    digitalWrite(A0,LOW);
    pinMode(A1, OUTPUT);
    digitalWrite(A1,HIGH);
    pinMode(A2, OUTPUT);
    digitalWrite(A2,HIGH);
    pinMode(A3, OUTPUT);
    digitalWrite(A3,LOW);
    analogWrite(3,0);
    analogWrite(5,0);
  }
  void setup()
  {
  }
  void loop()
  {
    goAhead();
    delay(1000);
    goBack();
    delay(1000);
    turnLeft();
    delay(1000);
    turnRight();
    delay(1000);
    stop();
    delay(1000);
  }
```

10．在上述实验中如果发现智能小车无法沿规定的直线行走，应如何调整 3 号和 5 号模拟输出引脚的数值来保证智能小车直线行走？

| 完成时间 | 评估：理论知识　实操能力　社会能力　独立能力 |
|---|---|

| 项目名称：<br>智能小车C语言程序控制 | 微课资源： | 任课教师： | 班级：<br>小组： |
| --- | --- | --- | --- |
| 任务名称：<br>安装调试智能循迹小车 | 讲义页码： | 学生姓名： | 日期： |

九、数码管静态显示

1．各小组推荐一人讲述数码管有哪些应用。

2．请说明 int a[5]与 a[4]分别代表什么含义，它们有什么区别。

| 完成时间 | 评估：理论知识　实操能力　社会能力　独立能力 |
| --- | --- |

| 项目名称：<br>智能小车 C 语言程序控制 | 微课资源： | 任课教师： | 班级：<br>小组： |
|---|---|---|---|
| 任务名称：<br>安装调试智能循迹小车 | 讲义页码： | 学生姓名： | 日期： |

3．完成以下任务。

（1）请输入如下程序，在 Dev-C++中调试并运行，观察运行结果。

```
#include <stdio.h>
/* 输出有 10 个元素的数组 */
int main( )
{
int i,a[10];
    for(i=0;i<=9;i++)
        a[i]=i;
    for(i=0;i<=9;i++)
        printf ("a[%d]=%d\t",i,a[i]);
    return 0;
}
```

（2）修改上述程序，按照 a[9]～a[0]的顺序输出数组 a 的所有元素。

（3）修改上述程序，通过键盘输入 5 个任意整数，按照 a[4]～a[0]的顺序输出数组的所有元素，并求出数组元素中的最大值。

提示：求最大值可以采用 for 循环，代码如下。

```
for(i=0;i<5;i++)
        if (max<a[i])    max=a[i];
printf("max value is %d\n",max);
```

| 完成时间 | 评估：理论知识　实操能力　社会能力　独立能力 |
|---|---|

| 项目名称：<br>智能小车 C 语言程序控制 | 微课资源： | 任课教师： | 班级：<br>小组： |
|---|---|---|---|
| 任务名称：<br>安装调试智能循迹小车 | 讲义页码： | 学生姓名： | 日期： |

4．已知二维数组 $a=\begin{bmatrix}10 & 5 & 8\\ 4 & 3 & 6\end{bmatrix}$，请按照该数组在存储器中存储的形式把下表填写完整。

| 元素 | 值 |
|---|---|
| a[0][0] | 10 |
| a[0][1] | 5 |
| a[0][2] | |
| a[1][0] | |
| | |
| | |

5．完成以下任务。

（1）已知一个 3×3 方阵，要求输出该方阵的所有元素并求方阵中的主对角线元素之和，补充以下程序并在 Dev-C++中调试运行，观察运行结果。

```
#include <stdio.h>
int main()
 {
    int a[3][3]={1,2,3,4,5,6,7,8,9},i,j,s=0;
    for(i=0;i<3;i++)
        for(j=0;j<3;j++)
            if(i==j)s=s+a[i][j];/*主对角线上的元素之和*/
        for(i=0;i<3;i++)
```

```
    return 0;
 }
```

| 完成时间 | 评估：理论知识　实操能力　社会能力　独立能力 |
|---|---|

<table>
<tr><td>项目名称：<br>智能小车C语言程序控制</td><td>微课资源：</td><td>任课教师：</td><td>班级：<br>小组：</td></tr>
<tr><td>任务名称：<br>安装调试智能循迹小车</td><td>讲义页码：</td><td>学生姓名：</td><td>日期：</td></tr>
</table>

（2）在上述程序的基础上，求该方阵中的主对角线、次对角线元素和所有元素之和,并在Dev-C++中调试运行，观察运行结果。

```
#include <stdio.h>
int main( )
{
        int a[3][3]={1,2,3,4,5,6,7,8,9},i,j,k=0,s=0,t=0;
        for(i=0;i<3;i++)
            for(j=0;j<3;j++)
                if(i==j)s=s+a[i][j];/*主对角线上的元素之和*/
            for(i=0;i<3;i++)
              for(j=0;j<3;j++)
                if(i+j==2)k=k+a[i][j];/*次对角线上的元素之和*/




  return 0;
  }
```

6．完成以下任务。

（1）已知字符数组 char a[10]={"Thank you"}，完成该数组在内存中的存储表格。

| 数组元素 | a[0] | a[1] | a[2] | a[3] | a[4] | a[5] | a[6] | a[7] | a[8] | a[9] |
|---|---|---|---|---|---|---|---|---|---|---|
| 元素的值 | T | h | | | | | | | | |

| 完成时间 | 评估：理论知识　实操能力　社会能力　独立能力 |
|---|---|

| 项目名称：<br>智能小车C语言程序控制 | 微课资源： | 任课教师： | 班级：<br>小组： |
| --- | --- | --- | --- |
| 任务名称：<br>安装调试智能循迹小车 | 讲义页码： | 学生姓名： | 日期： |

（2）请编写程序，采用printf()函数输出字符串"Thank you"，并在Dev-C++中调试运行，观察运行结果。

提示：printf()函数的输出格式一般为printf("%c",a[i]);。

（3）采用逐个字符输入和输出的方式，输入字符串"very much"到字符数组b[10]，或从该字符数组输出字符串。请编写程序并调试运行。

提示：逐个字符输入和输出建议采用for循环语句。

| 完成时间 | 评估：理论知识　实操能力　社会能力　独立能力 |
| --- | --- |

| 项目名称：<br>智能小车 C 语言程序控制 | 微课资源： | 任课教师： | 班级：<br>小组： |
| --- | --- | --- | --- |
| 任务名称：<br>安装调试智能循迹小车 | 讲义页码： | 学生姓名： | 日期： |

（4）请采用字符串复制函数 strcpy()把字符数组 a[10]中的字符串复制到字符数组 c[20]中，并通过字符串连接函数 strcat()连接字符数组 c[20]和 b[10]。在 Dev-C++中调试运行程序，观察运行结果。

7．什么是共阴极数码管？什么是共阳极数码管？两者有什么不同？

| 完成时间 | 评估：理论知识　实操能力　社会能力　独立能力 |
| --- | --- |

| 项目名称：智能小车C语言程序控制 | 微课资源： | 任课教师： | 班级：<br>小组： |
|---|---|---|---|
| 任务名称：安装调试智能循迹小车 | 讲义页码： | 学生姓名： | 日期： |

8．在 Arduino 开发板端口和数码管引脚连接顺序不变的情况下，共阴极数码管和共阳极数码管的字形编码有什么关系？

9．通过一个八段数码管依次循环显示数字 0～9，每两个数字显示时间间隔为 1 秒。请按照要求设计数码管的连接电路并编写程序。

（1）电路设计。

根据任务要求，将 Arduino 开发板上的 4～11 号数字端口依次连接到数码管的 a～dp 引脚，COM 引脚接 GND 端口，为了避免电流过大烧坏数码管，在每一段数码管电路中串接一个 220Ω 电阻。

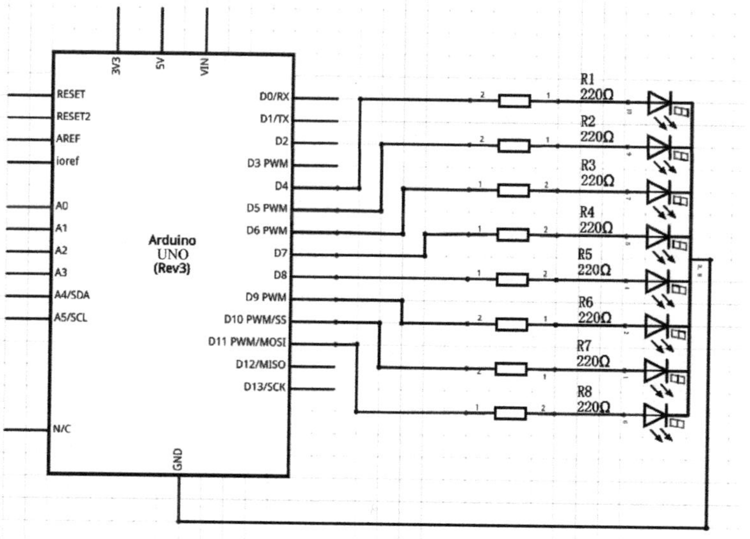


| 完成时间 | 评估：理论知识　实操能力　社会能力　独立能力 |
|---|---|

| | | | |
|---|---|---|---|
| 项目名称：<br>智能小车 C 语言程序控制 | 微课资源： | 任课教师： | 班级：<br>小组： |
| 任务名称：<br>安装调试智能循迹小车 | 讲义页码： | 学生姓名： | 日期： |

（2）源程序设计。

采用一维数组实现数码管依次循环显示数字，首先要定义 4～11 号端口，都设为 OUTPUT 模式，初始化为 LOW。主函数要分别显示数字 0～9。为每个数字的显示定义一个一维数组，并按照表 2-9-3 中对应的编码初始化数组。

请按照上述思路把下面的源程序补充完整，然后下载到 Arduino 开发板中，调试程序并观察运行效果。

```
void setup(){
 for(int pin = 4 ; pin <= 11 ; pin++)   // 设置 4～11 号数字端口为输出模式
 {pinMode(pin, OUTPUT);
 digitalWrite(pin, LOW); }
 }
void loop() {
// 显示数字 0
int n0[8]={1,1,1,1,1,1,0,0};
//4～11 号数字端口依次按数组 n0[8]中的数据显示
for(int pin = 4; pin <= 11 ; pin++){
digitalWrite(pin,n0[pin-4]);
}
delay(1000);
```

| | |
|---|---|
| 完成时间 | 评估：理论知识　实操能力　社会能力　独立能力 |

| 项目名称：<br>智能小车C语言程序控制 | 微课资源： | 任课教师： | 班级：<br>小组： |
|---|---|---|---|
| 任务名称：<br>安装调试智能循迹小车 | 讲义页码： | 学生姓名： | 日期： |

（3）参照上面的要求及程序，如果采用二维数组实现同样的功能，应如何修改程序？请编写程序并调试运行。

（4）参照上面的要求及程序，如果采用二维数组实现数码管依次循环显示数字9～0，应如何修改程序？请编写程序并调试运行。

| 完成时间 | 评估：理论知识　实操能力　社会能力　独立能力 |
|---|---|

| 项目名称：<br>智能小车 C 语言程序控制 | 微课资源： | 任课教师： | 班级：<br>小组： |
|---|---|---|---|
| 任务名称：<br>安装调试智能循迹小车 | 讲义页码： | 学生姓名： | 日期： |

环节三　分析计划

1．画出任务的鱼骨图。

2．写出任务中应用的知识点。

| 完成时间 | 评估：理论知识　实操能力　社会能力　独立能力 |
|---|---|

| 项目名称：<br>智能小车C语言程序控制 | 微课资源： | 任课教师： | 班级：<br>小组： |
|---|---|---|---|
| 任务名称：<br>安装调试智能循迹小车 | 讲义页码： | 学生姓名： | 日期： |

3．填写角色分配和任务分工与完成追踪表。

| 序号 | 任务内容 | 参加人员 | 开始时间 | 完成时间 | 完成情况 |
|---|---|---|---|---|---|
| | | | | | |
| | | | | | |
| | | | | | |
| | | | | | |
| | | | | | |
| | | | | | |

4．填写领料清单。

| 序号 | 名称 | 单位 | 数量 |
|---|---|---|---|
| | | | |
| | | | |
| | | | |
| | | | |
| | | | |
| | | | |

5．填写工具清单。

| 序号 | 名称 | 单位 | 数量 |
|---|---|---|---|
| | | | |
| | | | |
| | | | |
| | | | |
| | | | |
| | | | |

| 完成时间 | 评估：理论知识　实操能力　社会能力　独立能力 |
|---|---|

| 项目名称：<br>智能小车 C 语言程序控制 | 微课资源： | 任课教师： | 班级：<br>小组： |
|---|---|---|---|
| 任务名称：<br>安装调试智能循迹小车 | 讲义页码： | 学生姓名： | 日期： |

环节四　任务实施

1．任务实施前。

- 核查人员分工、材料、工具是否到位。
- 确认编程调试的流程和方法，熟悉操作要领。
- 提醒操作安全。

2．任务实施中。

在任务实施过程中，严格落实 EHS 的各项规程，填写下表。

EHS 落实追踪表

| | 通用要素摘要 | 本次任务要求 | 落实评价 |
|---|---|---|---|
| 环境 | 评估任务对环境的影响 | | |
| | 减少排放与有害材料 | | |
| | 确保环保 | | |
| | 5S 达标 | | |
| | | | |
| 健康 | 配备个人劳保用具 | | |
| | 分析工业卫生和职业危害 | | |
| | 优化人机工程 | | |
| | 了解简易急救方法 | | |
| | | | |
| 安全 | 安全教育 | | |
| | 危险分析与对策 | | |
| | 危险品注意事项 | | |
| | 防火、逃生意识 | | |

3．任务实施后。

在任务实施结束后，严格按照 5S 要求进行收尾工作。

| 完成时间 | 评估：理论知识　实操能力　社会能力　独立能力 |
|---|---|

| 项目名称：<br>智能小车C语言程序控制 | 微课资源： | 任课教师： | 班级：<br>小组： |
|---|---|---|---|
| 任务名称：<br>安装调试智能循迹小车 | 讲义页码： | 学生姓名： | 日期： |

环节五　检验评估

1．按验收标准检验任务成果，并记录相关数据。

2．完成教学评价。

| 完成时间 | 评估：理论知识　实操能力　社会能力　独立能力 |
|---|---|

# 参 考 文 献

[1] 徐开军，刘飞龙. 基于 Arduino 平台的多功能智能小车的设计[J]. 电子世界，2016(24): 112-113.

[2] 聂茹，严明. 基于 Arduino 开发板的智能小车设计[J]. 微处理机，2015, 36(04): 89-91.

[3] 周游，王鑫，卫星，王旨祎. 基于 Arduino 平台的避障小车系统设计[J]. 电脑知识与技术，2017, 13(18): 180-181.

[4] 陶冶，李驰新. 基于 Arduino 的智能小车[J]. 电脑知识与技术，2019, 15(15): 222-223.

[5] 宋楠. Arduino 开发从零开始学——学电子的都玩这个[M]. 北京：清华大学出版社，2014.

[6] 麦克罗伯茨. Arduino 从基础到实践[M]. 北京：电子工业出版社，2013.

[7] 孙秋凤，李霞，王庆. Arduino 零基础 C 语言编程[M]. 西安：西安电子科技大学出版社，2018.

[8] Arduino 教程——02.数据类型及条件语句[EB/OL]. [2018-12-22]. https://blog.csdn.net/acktomas/java/article/details/85198869.

[9] Arduino 边做边学：从点亮 LED 到物联网[EB/OL]. [2018-5-12]. https://www.jianshu.com/p/ff7affbdbff4.

[10] Arduino 教程——点亮 LED 神灯[EB/OL].[2015-12-19].http://www.51hei.com/bbs/dpj-41336-1.html.

[11] 啊哈磊. 啊哈 C 语言[M]. 北京：电子工业出版社，2017.

[12] 谭浩强. C 语言程序设计[M]. 5 版. 北京：清华大学出版社，2017.

[13] 周雯，薛文龙. Java 物联网程序设计基础[M]. 北京：机械工业出版社，2016.

[14] 胡锦丽，谭建清. C#物联网程序设计基础[M]. 北京：机械工业出版社，2017.

[15] 李宁. C++语言程序设计[M]. 北京：中央广播电视大学出版社，2011.

[16] C 语言中函数的基本知识[EB/OL].[2018-12-02]. https://blog.csdn.net/qq_43342294/article/details/84724383.

[17] C 语言自定义函数[EB/OL].[2018-10-29]. https://blog.csdn.net/yang8627/article/details/83480031.

[18] 雷伟伟，李凯，张捍卫. 世界时与地球时转换经验公式的改进与比较[J]. 飞行器测控学报，2015, 34(06): 552-557.

[19] 邱元阳，刘宗凡，倪俊杰，邵建勋，沈伟春. 身边的传感器[J]. 中国信息技术教育，2018(05): 65-72.

[20] 何旭，贾若. 新编 C 语言程序设计[M]. 西安：西安电子科技大学出版社，2014.

[21] 浅谈函数相关知识点整理（一）[EB/OL].[2019-08-30]. https://blog.csdn.net/fab189/article/details/100152371.

[22] Arduino 实验十——火焰报警实验[EB/OL].[2019-07-17]. https://blog.csdn.net/qq_37967562/article/details/96344143.

[23] C 语言二维数组的应用的简单举例[EB/OL]. [2017-01-23]. https://blog.csdn.net/ddiioopp123/article/details/54664704.

[24] Arduino 学习笔记 5——数码管实验[EB/OL]. [2011-7-4]. https://www.geek-workshop.com/forum.php?mod=viewthread&tid=73.